中間・期末の攻略本

テストに出る！

5分間攻略ブック

学校図書版

数学
3年

重要事項をサクッと確認

よく出る問題の
解き方をおさえる

赤シートを
活用しよう！

テスト前に最後のチェック！
休み時間にも使えるよ♪

「5分間攻略ブック」は取りはずして使用できます。

1章　式の計算

教科書 p.12~p.24

次の言葉を答えよう。

□ 単項式と多項式の乗法で，かっこをはずすのに使う法則。　分配法則

□ 単項式と多項式や，多項式どうしの積の形をした式のかっこをはずして，単項式の和の形で表すこと。

展開（する）

公式を確認しよう。～乗法公式～

□ $(a+b)(c+d)=$ $ac+ad+bc+bd$

□ $(x+a)(x+b)=$ $x^2+(a+b)x+ab$

□ $(x+a)^2=$ $x^2+2ax+a^2$ ✽（和の平方）

□ $(x-a)^2=$ $x^2-2ax+a^2$ ✽（差の平方）

□ $(x+a)(x-a)=$ x^2-a^2 ✽（和と差の積）

次の計算をしよう。

□ $3a(4a-2b)$

$=3a\times4a-$ $\boxed{3a}$ $\times2b$

$=$ $\boxed{12a^2-6ab}$

□ $(16x^2+8x)\div(-4x)$

$=-\dfrac{16x^2}{\boxed{4x}}-\dfrac{8x}{4x}=$ $\boxed{-4x-2}$

次の式を展開しよう。

□ $(2a+3)(a-2)$

$=2a^2-4a+3a-6=$ $\boxed{2a^2-a-6}$

□ $(x+4)(x-3)$ ✽ $x^2+\{4+(-3)\}x+4\times(-3)$

$=$ $\boxed{x^2+x-12}$

□ $(x+3)^2$ ✽ $x^2+2\times3\times x+3^2$

$=$ $\boxed{x^2+6x+9}$

□ $(n-5)^2$ ✽ $n^2-2\times5\times n+5^2$

$=$ $\boxed{n^2-10n+25}$

□ $(x+4)(x-4)$ ✽ x^2-4^2

$=$ $\boxed{x^2-16}$

□ $(a+b+3)(a+b-3)$　$a+b=M$とおくと，

$(M+3)(M-3)=M^2-9$

$=(a+b)^2-9$

$=$ $\boxed{a^2+2ab+b^2-9}$

□ $3(x+4)^2-(x+2)(x-2)$

$=3(x^2+8x+16)-(x^2-4)$

$=3x^2+24x+48-x^2+4$

$=$ $\boxed{2x^2+24x+52}$

◎ 攻略のポイント

多項式の計算，式の展開

乗法⇒分配法則を使って，各項に単項式をかける。

除法⇒式を分数の形で表すか，乗法に直す。

式の展開　$(2x+4)(x-3)=2x^2-6x+4x-12=2x^2-2x-12$（①②③④の順にかける）

同類項をまとめる

1章　式の計算

教科書 p.25~p.43

次の言葉を答えよう。

□ 多項式をいくつかの単項式や多項式の積の形で表すとき，一つひとつの式をもとの多項式の何という？

因数

□ 多項式をいくつかの因数の積の形で表すこと。　因数分解（する）

公式を確認しよう。～因数分解～

□ $ab+ac=$ $a(b+c)$

□ $x^2+(a+b)x+ab$

$=$ $(x+a)(x+b)$　✽公式①´

□ $x^2+2ax+a^2=$ $(x+a)^2$　✽公式②´

□ $x^2-2ax+a^2=$ $(x-a)^2$　✽公式③´

□ $x^2-a^2=$ $(x+a)(x-a)$　✽公式④´

共通な因数をくくり出そう。

□ $ab-ac=$ a $(b-c)$

□ $ab^2-a^2b=$ ab $(b-a)$

□ $2x^2y-4xy^2+8xy$

$=$ $2xy$ $(x-2y+4)$

次の式を因数分解しよう。

□ $x^2+9x+20$　✽ $x^2+\underset{\text{和が}9}{(4+5)}x+\underset{\text{積が}20}{4\times5}$

$=$ $(x+4)(x+5)$

□ a^2+6a+9　✽ $a^2+2\times3\times a+3^2$（└公式②´）

$=$ $(a+3)^2$

□ $m^2-8m+16$　✽ $m^2-2\times4\times m+4^2$（└公式③´）

$=$ $(m-4)^2$

□ x^2-25　✽ x^2-5^2 ←公式④´

$=$ $(x+5)(x-5)$

□ $ax^2-36a=$ a (x^2-36)

$=$ $a(x+6)(x-6)$

くふうして計算しよう。

□ 35^2-15^2　✽因数分解の公式を利用。

$=(35+15)\times(35-15)=$ 50 $\times20$

$=$ 1000

□ 99^2　✽乗法公式を利用。

$=($ $100-1$ $)^2$

$=100^2-2\times100\times1+1^2$

$=$ 9801

◎ 攻略のポイント

因数分解

1 共通な因数でくくる。

2 式の形から，公式を使い分ける。

3 乗法公式を逆向きにみると，因数分解の公式になる。

例　$x^2-81=\underline{x^2-9^2}=(x+9)(x-9)$

└公式④´　$x^2-a^2=(x+a)(x-a)$ を利用

2章　平方根

教科書 p.44~p.54

次の言葉を答えよう。

□ 記号$\sqrt{\ }$を何という？　根号

□ $x^2=a$ であるとき，x を a の何という？　平方根

□ m を整数，n を0でない整数とするとき，$\frac{m}{n}$ と表すことができる数。　有理数

□ $\sqrt{50}$ や π のように，分数で表すことができない数。　無理数

□ 小数第何位かで終わる小数。　有限小数

□ 小数部分が限りなく続く小数。　無限小数

□ 無限小数のうち，小数部分に同じ数の並びがくりかえし現れるもの。　循環小数

平方根を答えよう。

□ 7　$\pm\sqrt{7}$

□ 81　± 9

□ $\frac{5}{6}$　$\pm\sqrt{\frac{5}{6}}$

根号を使わずに表そう。

□ $\sqrt{36}$　6

□ $-\sqrt{81}$　-9

□ $\sqrt{\frac{9}{16}}$　$\frac{3}{4}$

□ $\sqrt{(-3)^2}$　✻ $\sqrt{(-3)^2}=\sqrt{9}=3$　3

□ $(-\sqrt{0.3})^2$　0.3

数の大小を，不等号を使って表そう。

□ $\sqrt{12}$，$\sqrt{13}$

12 $<$ 13 であるから，

$\sqrt{12} < \sqrt{13}$

□ 6，$\sqrt{35}$

$6=\sqrt{6^2}=\sqrt{36}$

36 $>$ 35 であるから，

$\sqrt{36} > \sqrt{35}$

したがって，$6 > \sqrt{35}$

□ $-\sqrt{3}$，$-\sqrt{5}$

$\sqrt{3} < \sqrt{5}$ であるから，

$-\sqrt{3} > -\sqrt{5}$

◎ 攻略のポイント

平方根

正の数の平方根は正，負の2つあり，その絶対値は等しい。

0の平方根は0だけである。

a，b が正の数のとき，$a<b$ ならば，$\sqrt{a}<\sqrt{b}$

2章　平方根

教科書 p.55~p.73

次の言葉を答えよう。

□ 分母に根号がある数の分母と分子に同じ数をかけて，分母に根号をふくまない形に直すこと。

分母を有理化する

計算のしかたを確認しよう。（$a>0$，$b>0$）

□ $\sqrt{a}\times\sqrt{b}=\sqrt{\boxed{ab}}$

□ $\dfrac{\sqrt{a}}{\sqrt{b}}=\sqrt{\boxed{\dfrac{a}{b}}}$

□ $a\sqrt{b}=\sqrt{\boxed{a^2\times b}}$

□ $\sqrt{a^2\times b}=\boxed{a}\sqrt{b}$

□ $\dfrac{a}{\sqrt{b}}=\dfrac{a\times\boxed{\sqrt{b}}}{\sqrt{b}\times\boxed{\sqrt{b}}}=\boxed{\dfrac{a\sqrt{b}}{b}}$

□ $m\sqrt{a}+n\sqrt{a}=\boxed{(m+n)\sqrt{a}}$

□ $m\sqrt{a}-n\sqrt{a}=\boxed{(m-n)\sqrt{a}}$

次の数を $a\sqrt{b}$ の形に直そう。

□ $\sqrt{32}$ ❂ $\sqrt{16\times2}=4\sqrt{2}$　　$4\sqrt{2}$

□ $\sqrt{63}$ ❂ $\sqrt{9\times7}=3\sqrt{7}$　　$3\sqrt{7}$

□ $\sqrt{150}$ ❂ $\sqrt{25\times6}=5\sqrt{6}$　　$5\sqrt{6}$

次の数の分母を有理化しよう。

□ $\dfrac{1}{\sqrt{3}}=\dfrac{1\times\boxed{\sqrt{3}}}{\sqrt{3}\times\boxed{\sqrt{3}}}=\dfrac{\sqrt{3}}{\boxed{3}}$

□ $\dfrac{6}{\sqrt{5}}=\dfrac{6\times\boxed{\sqrt{5}}}{\sqrt{5}\times\boxed{\sqrt{5}}}=\dfrac{\boxed{6\sqrt{5}}}{5}$

□ $\dfrac{8}{3\sqrt{2}}=\dfrac{8\times\sqrt{2}}{3\sqrt{2}\times\boxed{\sqrt{2}}}$

$=\dfrac{8\times\sqrt{2}}{3\times2}=\dfrac{\boxed{4\sqrt{2}}}{3}$

次の計算をしよう。

□ $\sqrt{3}\times\sqrt{6}=\sqrt{18}=\boxed{3\sqrt{2}}$

□ $\sqrt{16}\div\sqrt{2}=\sqrt{8}=\boxed{2\sqrt{2}}$

□ $6\sqrt{2}+3\sqrt{2}=\boxed{9\sqrt{2}}$

□ $5\sqrt{3}-\sqrt{12}=5\sqrt{3}-\boxed{2\sqrt{3}}$

$=\boxed{3\sqrt{3}}$

□ $(\sqrt{7}+\sqrt{3})^2$

$=(\sqrt{7})^2+2\times\sqrt{7}\times\sqrt{3}+(\boxed{\sqrt{3}})^2$

$=7+2\sqrt{21}+3=\boxed{10+2\sqrt{21}}$

□ $(\sqrt{10}+3)(\sqrt{10}-3)=(\sqrt{10})^2-\boxed{3}^2$

$=10-9=\boxed{1}$

◎ 攻略のポイント

根号をふくむ式の計算

根号をふくむ式の加減は，文字式の同類項の計算と同じように行う。

分母に$\sqrt{\ }$がある項は，まず分母を**有理化**してから計算する。

根号をふくむ式でも，分配法則や乗法公式が使える。

3章　2次方程式

教科書
p.74~p.81

次の言葉を答えよう。

□ 移項して整理することによって(2次式)=0の形で表される方程式を何という？　2次方程式

□ 2次方程式を成り立たせる文字の値を，その2次方程式の何という？　解

□ 2次方程式の解をすべて求めることを何という？　(2次方程式を)解く

因数分解を使った解き方は？

□ $AB=0$ ならば，$A=0$ または　$B=0$

□ $(x+a)(x+b)=0 \Rightarrow x=-a$，$x=-b$

□ $x(x+a)=0 \Rightarrow x=0$，$x=-a$

□ $(x+a)^2=0 \Rightarrow$ $x=-a$

次の方程式を解こう。

□ $(x-3)(x+5)=0$

$x-3=0$　または　$x+5=0$

$x=\boxed{3}$，$x=-5$

次の方程式を解こう。

□ $x^2-4x-12=0$

$(x+2)(x-6)=0$

$x+2=0$　または　$x-6=0$

$x=\boxed{-2}$，$x=6$

□ $x^2+7x=0$

$x(x+7)=0$　$x=\boxed{0}$，$x=-7$

□ $x^2+2x+1=0$

$(x+1)^2=0$　$x+1=0$　$x=\boxed{-1}$

□ $x^2-8x+16=0$

$(x-\boxed{4})^2=0$　$x-4=0$　$x=\boxed{4}$

□ $2(x+3)(x-3)=x(x+9)-18$

$2x^2-18=x^2+9x-18$

$x^2-9x=\boxed{0}$

$x(x-9)=0$

$x=0$，$x=\boxed{9}$

□ $3x^2-6x+3=0$

✻両辺を3でわる。

$x^2-\boxed{2x}+1=0$

$(x-\boxed{1})^2=0$　$x=\boxed{1}$

◎ 攻略のポイント

2次方程式の解き方(1)

因数分解を使った解き方

(2次式)=0の左辺が因数分解できるときは，

『$AB=0$ならば，$A=0$または$B=0$』の性質を使って解く。

一般に2次方程式の解は2つあるが，1つになるものもある。

3章　2次方程式

教科書 p.82~p.98

平方根の考えを使った解き方は？

□ $ax^2+c=0$ の形の方程式

…$x^2=k$ の形に直して

⇒ $x=$ $\pm\sqrt{k}$

□ $(x+p)^2=q$ の形の方程式

…$x+p=M$ とおき，$M^2=q$，

$M=\pm\sqrt{q}$ より，$x+p=\pm\sqrt{q}$

⇒ $x=$ $-p\pm\sqrt{q}$

□ $x^2+mx+n=0$ の形の方程式

…$(x+p)^2=q$ の形に直して

⇒ $x=$ $-p\pm\sqrt{q}$

2次方程式 $ax^2+bx+c=0$ の解の公式は？

□ $x=\dfrac{-b\pm\sqrt{b^2-4ac}}{2a}$　✿必ず覚えよう。

次の方程式を解こう。

□ $2x^2=8$　$x^2=4$　$x=\pm$ 2

□ $6x^2-18=0$

$6x^2=18$　$x^2=$ 3　$x=\pm$ $\sqrt{3}$

□ $(x-3)^2=7$

$x-3=$ $\pm\sqrt{7}$　$x=$ $3\pm\sqrt{7}$

次の方程式を解こう。

□ $x^2+4x-1=0$

$x^2+4x=1$

$x^2+4x+2^2=1+2^2$

$(x+2)^2=5$

$x+2=$ $\pm\sqrt{5}$　$x=$ $-2\pm\sqrt{5}$

□ $2x^2-3x-1=0$

$x=\dfrac{-(-3)\pm\sqrt{(-3)^2-4\times 2\times(-1)}}{2\times 2}$

$x=\dfrac{3\pm\sqrt{9+8}}{4}=\dfrac{3\pm\sqrt{17}}{4}$

□ ある正の数と，その数より4大きい数との積は45になる。このとき，ある正の数を x として，2次方程式をつくると， $x(x+4)$ $=45$

$x^2+4x-45=0$

$(x+9)(x-5)=0$

$x=-9$，$x=5$　✿解が適しているかどうかを確かめる。

$x>0$ であるから，ある正の数は 5

◎ 攻略のポイント

2次方程式の解き方(2)

平方根の考えを使って解く

$x^2=k$ ⇒ $x=\pm\sqrt{k}$

$(x+p)^2=q$ ⇒ $x=-p\pm\sqrt{q}$

2次方程式 $ax^2+bx+c=0$ の解は

$x=\dfrac{-b\pm\sqrt{b^2-4ac}}{2a}$

b^2-4ac が0のときは，2次方程式の解は1つになる。

4章　関数 $y=ax^2$

教科書 p.100~p.104

次の問いに答えよう。

□ y が x の関数であり，$y=ax^2$ と表せるとき，y は x の何に比例するという？　　2乗

□ 関数 $y=ax^2$ で，a のことを何という？　　比例定数

y が x の2乗に比例するといえるか答えよう。

□ 底面が1辺 $x$cm の正方形で，高さが5cm の正四角柱の体積を $y\text{cm}^3$ とする。

❇ $y=5x^2$　　いえる

□ 半径が $x$cm の円の円周の長さを $y$cm とする。❇ $y=2\pi x$　　いえない

□ 半径が $x$cm の円の面積を $y\text{cm}^2$ とする。❇ $y=\pi x^2$　　いえる

□ 周の長さが $x$cm の正方形の面積を $y\text{cm}^2$ とする。

❇ $y=\frac{1}{16}x^2$　　いえる

y を x の式で表そう。

□ y は x の2乗に比例し，$x=3$ のとき $y=18$

❇ $y=ax^2$ に $x=3$，$y=18$ を代入
$18=a\times 3^2$　$a=2$　　$y=2x^2$

□ y は x の2乗に比例し，$x=-1$ のとき $y=4$

❇ $4=a\times(-1)^2$　$a=4$　　$y=4x^2$

□ y は x の2乗に比例し，$x=5$ のとき $y=-10$

❇ $-10=a\times 5^2$　$a=-\frac{2}{5}$　　$y=-\frac{2}{5}x^2$

次の問いに答えよう。

□ 1辺が $x$cm の正方形の面積を $y\text{cm}^2$ とするとき，y を x の式で表しなさい。　　$y=x^2$

□ 正方形で，1辺の長さが2倍になると，面積は何倍になりますか。

❇ $2^2=4$(倍)　　4倍

◎ 攻略のポイント

関数 $y=ax^2$ の式

y が x の2乗に比例 ⇒ $y=ax^2$

関数 $y=ax^2$ では，x の値が2倍，3倍，…になると，y の値は 2^2 倍，3^2 倍，…になる。

4章　関数 $y=ax^2$

教科書 p.105~p.135

次の問いに答えよう。

□ $y=ax^2$ のグラフの頂点は？

原点

□ $y=ax^2$ のグラフは何について対称な曲線？

y 軸

□ $y=ax^2$ のグラフは，$a>0$ のときは上，下どちらに開いている？

✿ $a>0$…上　$a<0$…下

上

□ $y=ax^2$ のグラフで，a の絶対値が大きいほど，グラフの開き方は？

小さい

□ $y=ax^2$ のグラフの曲線は何と呼ばれている？

放物線

次の関数のグラフをかこう。

□ $y=\frac{1}{3}x^2$

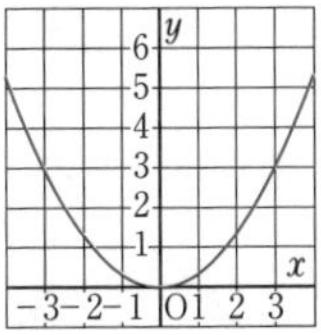

□ $y=-x^2$

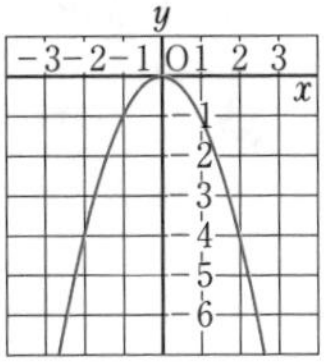

✿なめらかな曲線で結ぶ。

次の問いに答えよう。

□ 関数 $y=3x^2$ で，x の変域が $-2 \leqq x \leqq 3$ のときの y の変域は？

✿ $x=0$ のとき最小値 0
$x=3$ のとき最大値 27

$0 \leqq y \leqq 27$

□ 関数 $y=-2x^2$ で，x の変域が $-3 \leqq x \leqq 2$ のときの y の変域は？

✿ $x=0$ のとき最大値 0
$x=-3$ のとき最小値 -18

$-18 \leqq y \leqq 0$

□ 関数 $y=x^2$ で，x の値が 1 から 3 まで増加するときの変化の割合は？

✿ $\frac{(y \text{ の増加量})}{(x \text{ の増加量})}=\frac{9-1}{3-1}=4$

4

□ 空中で物を落下させたとき，落下し始めてから x 秒間に ym 落下したとすると，$y=4.9x^2$ の関係が成り立つとする。このとき，落下し始めてから 0 秒後～2 秒後の平均の速さは？

✿ $\frac{4.9\times2^2-4.9\times0^2}{2-0}=9.8$

9.8 m/s

◎ 攻略のポイント

関数 $y=ax^2$ のグラフ

y 軸について対称な**放物線**で，頂点は**原点**。
$a>0$ のとき，グラフは**上**に開いた形。
$a<0$ のとき，グラフは**下**に開いた形。

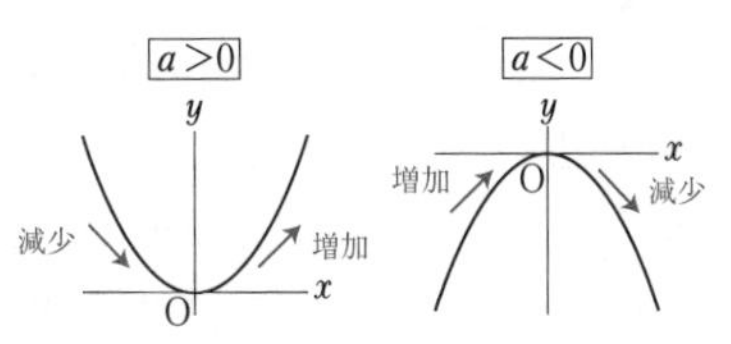

5章　相似な図形

教科書 p.138~p.155

次の問いに答えよう。

□ 拡大図，縮図の関係になっている2つの図形は何であるという？

相似

□ 相似な図形で，対応する線分の長さの比を何という？

相似比

□ 近似値から真の値をひいた差を何という？

誤差

□ 近似値を表す数で，信頼できる数字を何という？

有効数字

三角形の相似条件を確認しよう。

□ 3組の辺 の比がすべて等しい。

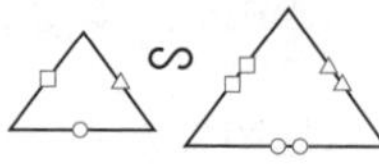

□ 2組の辺の比と その間の角 がそれぞれ等しい。

□ 2組の角 がそれぞれ等しい。

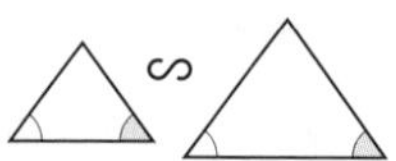

△ABC∽△DEF のとき，次の問いに答えよう。

□ △ABC と △DEF の相似比は？

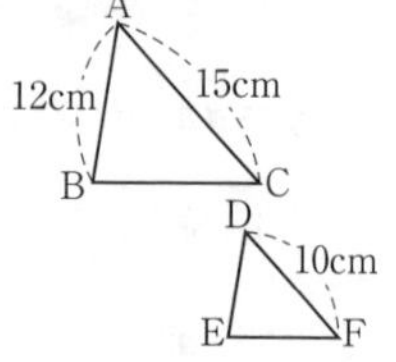

✽15：10＝3：2

3：2

□ 辺 DE の長さは？

✽12：DE＝3：2

8cm

相似な三角形を記号∽で表そう。

□ ✽2組の辺の比とその間の角がそれぞれ等しい。

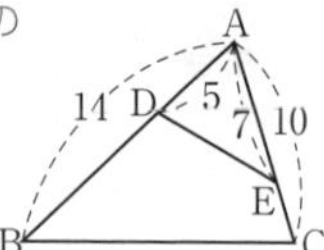

△ABC∽△AED

□ ✽3組の辺の比がすべて等しい。

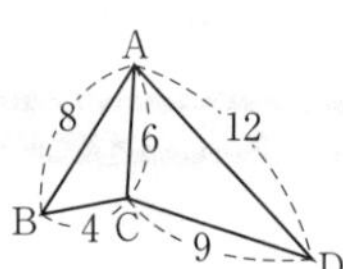

△ABC∽△DAC

□ ✽2組の角がそれぞれ等しい。

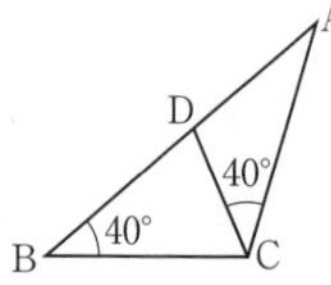

△ABC∽△ACD

◎ 攻略のポイント

三角形の合同条件と相似条件の比較

3組の辺 ⇔ 3組の辺**の比**
2組の辺とその間の角 ⇔ 2組の辺**の比**とその間の角
1組の辺とその両端の角 ⇔ **2組の角**

相似の証明問題では，2組の角に目をつけるのがポイント。

教科書 p.156~p.179

5章　相似な図形

定理を確認しよう。

□ △ABCの辺AB, AC上の点をP, Qとするとき,

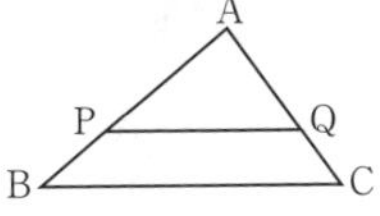

①PQ//BCならば

AP：AB＝AQ：AC＝PQ：BC

②PQ//BCならば

AP：PB＝AQ：QC

---

①AP：AB＝AQ：ACならば

PQ // BC

②AP：PB＝AQ：QCならば

PQ//BC

□ 平行な3つの直線ℓ, m, nに2つの直線p, qが交わっているとき

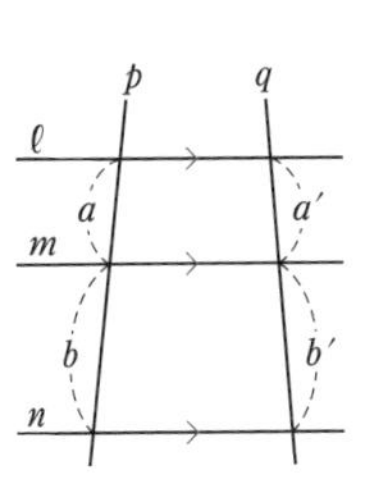

a：b＝a'：b'

□ △ABCの辺AB, ACの中点をそれぞれM, Nとするとき,

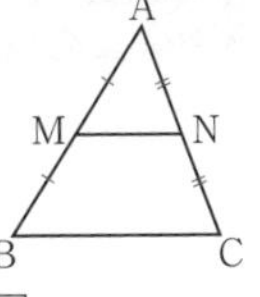

MN//BC, MN＝$\frac{1}{2}$BC

✻中点連結定理

比を答えよう。

□ 相似比がm：nならば

周の長さの比⇒ m：n

面積比・表面積比⇒ m^2：n^2

体積比⇒ m^3：n^3

xの値を求めよう。

□ DE//BC

✻6：9＝x：12

x＝8

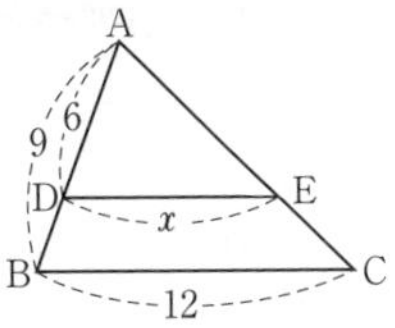

x＝8

□ ℓ//m//n

✻8：x＝6：3

x＝4

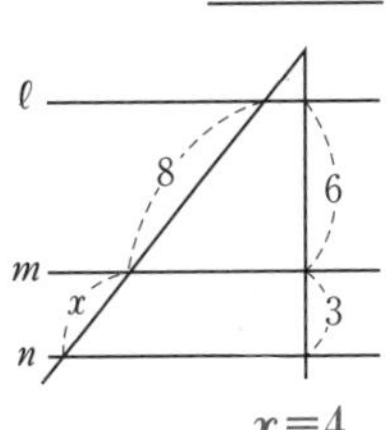

x＝4

◎ 攻略のポイント

面積比と体積比

相似比がm：nならば

周の長さの比はm：n

面積比は　m^2：n^2

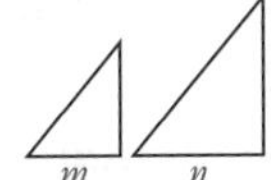

相似比がm：nならば

表面積比はm^2：n^2

体積比は　m^3：n^3

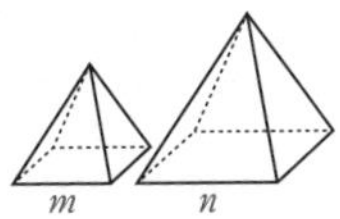

6章　円

教科書 p.180~p.188

円Oについて答えよう。

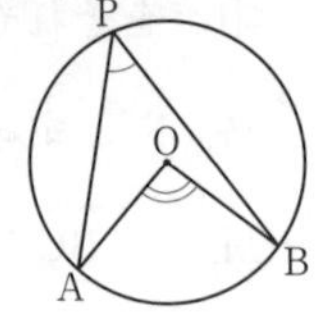

□ ∠AOBを$\overset{\frown}{AB}$に対する何という？

中心角

□ ∠APBを$\overset{\frown}{AB}$に対する何という？

円周角

定理を確認しよう。

□ **円周角の定理**

①１つの弧に対する円周角は，その弧に対する中心角の 半分 である。

②１つの弧に対する円周角はすべて 等しい 。

□ 半円の弧に対する円周角は 90° である。

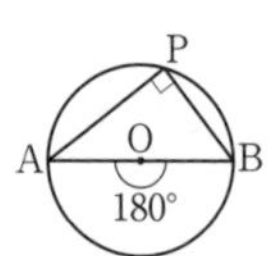

□ **弧と円周角**　１つの円において，

①等しい弧に対する 円周角 は等しい。

②等しい円周角に対する 弧 は等しい。

∠xの大きさを求めよう。

□

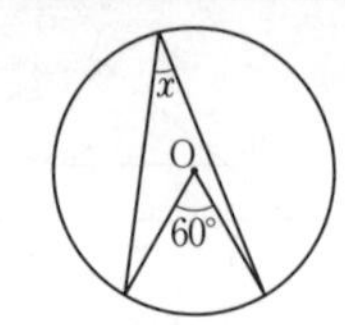

✽ $\angle x=\frac{1}{2}\times60^\circ$
$=30^\circ$

$\angle x=$ 30°

□

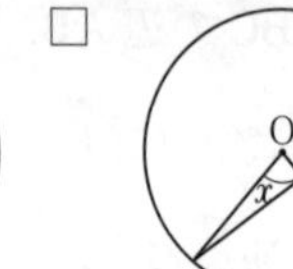

✽ $\angle x=2\times40^\circ$
$=80^\circ$

$\angle x=$ 80°

□

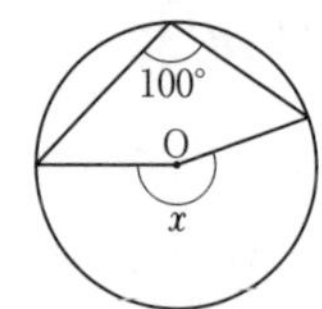

✽ $\angle x=2\times100^\circ$
$=200^\circ$

$\angle x=$ 200°

□

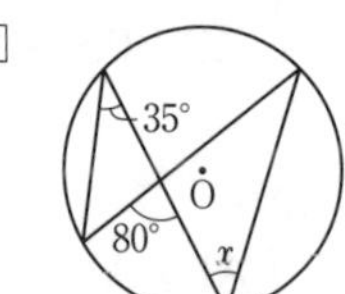

✽ $\angle x=80^\circ-35^\circ$
$=45^\circ$

$\angle x=$ 45°

□

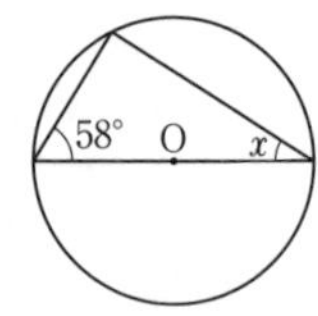

✽ $\angle x$
$=180^\circ-(90^\circ+58^\circ)$
$=32^\circ$

$\angle x=$ 32°

□

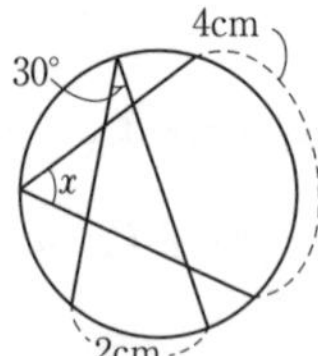

✽ $\angle x=2\times30^\circ$
$=60^\circ$

$\angle x=$ 60°

◎ 攻略のポイント

円周角の大きさ

円周角 $=\frac{1}{2}\times$ 中心角

１つの弧に対する**円周角**は等しい。

弧が等しい。

⇕

円周角が等しい。

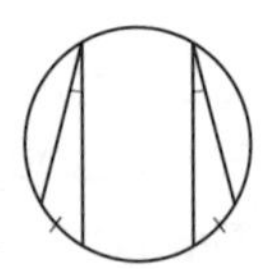

6章　円

教科書 p.189~p.201

点Pは円Oのどこにあるか答えよう。

□ ∠APB＝75°のとき
✿ ∠APB＞∠ACB
円の内部

□ ∠APB＝45°のとき
✿ ∠APB＜∠ACB
円の外部

□ ∠APB＝60°のとき
✿ ∠APB＝∠ACB
円周上

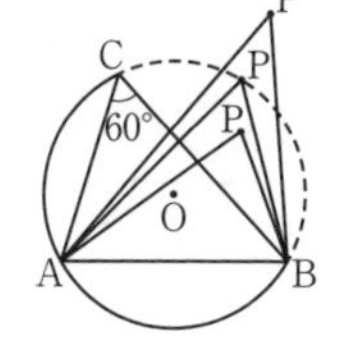

定理を確認しよう。

□ **円周角の定理の逆**

2点P，Qが直線 [AB] について同じ側にあるとき，∠APB＝∠AQBならば，4点A, P, Q, Bは [1つの円周上] にある。

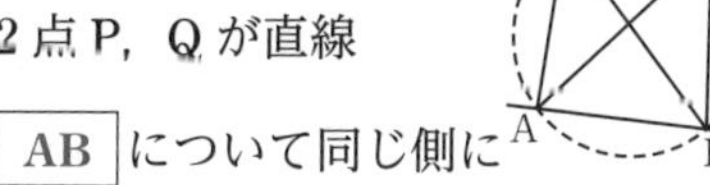

接線について確認しよう。

□ 円の外部にある1点から，この円にひいた2本の [接線] の長さは等しい。

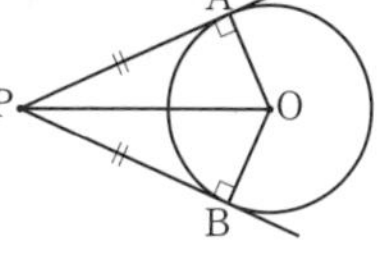

4点A，B，C，Dが1つの円周上にあることを証明しよう。

□ ∠AEDは△ABEの [外角] だから，

∠ABE＋65°＝100°

∠ABE＝ [35] °

よって，∠ABE＝∠ABD＝∠ [ACD]

したがって，

[円周角の定理の逆] から，

4点A，B，C，Dは，

[1つの円周上にある。]

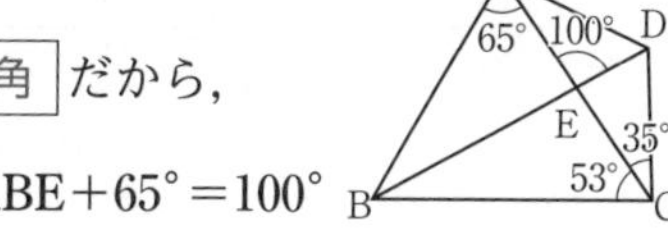

x の値を求めよう。

□ 2組の角がそれぞれ等しいから，

△ABP∽△ [DCP]

PA：PD＝PB： [PC] より，

[6] ：x＝8： [12]

$8x=72$

x＝ [9]

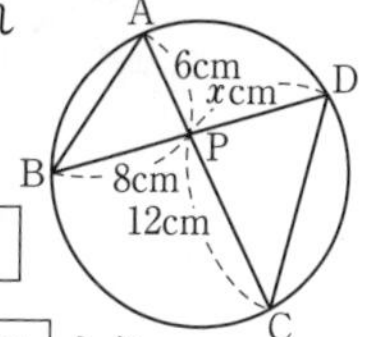

◎ 攻略のポイント

［参考］円のいろいろな性質

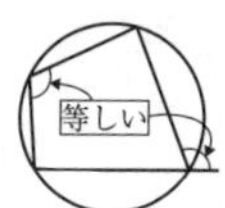

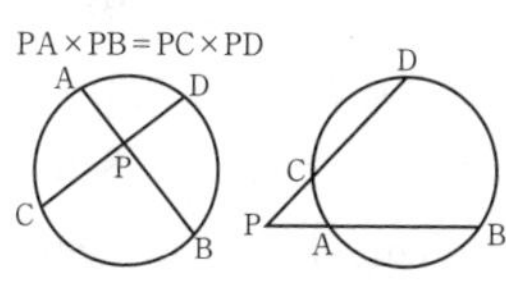

教科書 p.202~p.212

7章　三平方の定理

定理を確認しよう。

□ **三平方の定理**

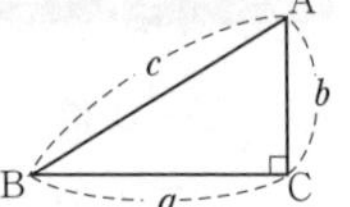

直角三角形の直角をはさむ2辺の長さを a, b, 斜辺の長さを c とすると,

$a^2+b^2=c^2$　✽三平方の定理

□ **三平方の定理の逆**　上の図で, △ABCの3辺の長さ a, b, c の間に, $a^2+b^2=c^2$ の関係が成り立てば, ∠C=90° である。

特別な直角三角形の比を確認しよう。

□

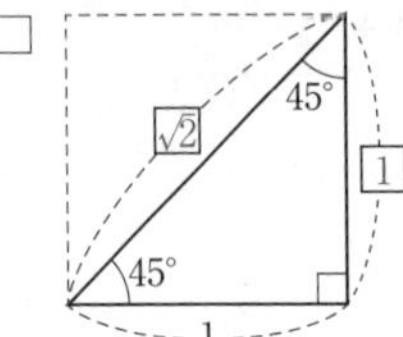

✽直角二等辺三角形
$1:1:\sqrt{2}$
└斜辺

□

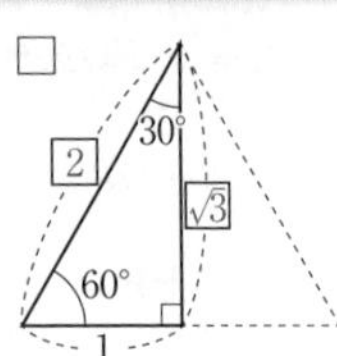

✽60°の角をもつ直角三角形
$1:\sqrt{3}:2$
└斜辺

次の直角三角形で, x の値を求めよう。

□

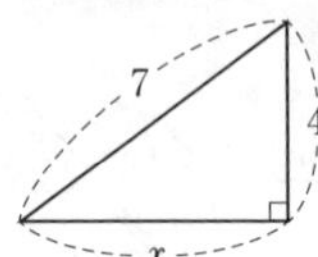

✽斜辺が7であるから,
$x^2+4^2=7^2$
$x^2=33$
$x>0$ であるから,
$x=\sqrt{33}$

$x=\sqrt{33}$

□

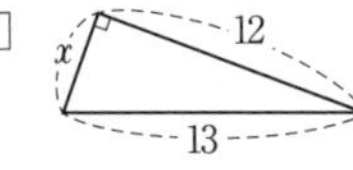

✽斜辺が13であるから,
$x^2+12^2=13^2$
$x^2=25$
$x>0$ であるから,
$x=5$

$x=5$

□

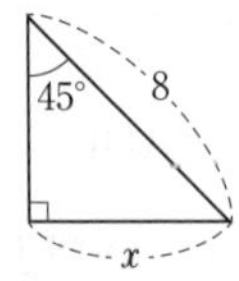

✽$x:8=1:\sqrt{2}$
$\sqrt{2}\,x=8$
$x=\dfrac{8}{\sqrt{2}}=4\sqrt{2}$

$x=4\sqrt{2}$

□

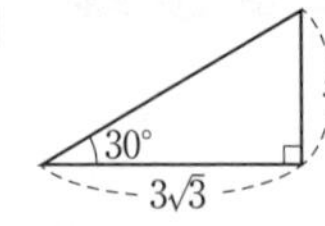

✽$x:3\sqrt{3}=1:\sqrt{3}$
$\sqrt{3}\,x=3\sqrt{3}$
$x=3$

$x=3$

◎ 攻略のポイント

直角三角形の見つけ方

次の長さを3辺とする三角形のうち, 直角三角形は?

㋐ 9cm, 12cm, 15cm　㋑ 8cm, 12cm, 16cm
㋒ 5cm, 12cm, 13cm　㋓ 8cm, 15cm, 17cm

(答え ㋐, ㋒, ㋓)

もっとも長い辺を c とし, 他の2辺を a, b として, $a^2+b^2=c^2$ が成り立つかどうかを調べるよ。

7章　三平方の定理

教科書 p.213~p.226

三平方の定理を利用しよう。

□ **弦の長さ**

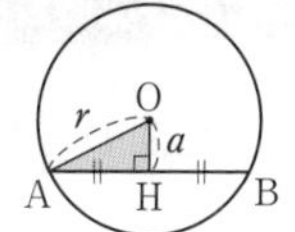

右の図の円 O で，

$AB=2AH$

$=2\sqrt{\boxed{r^2-a^2}}$

□ **2点間の距離**

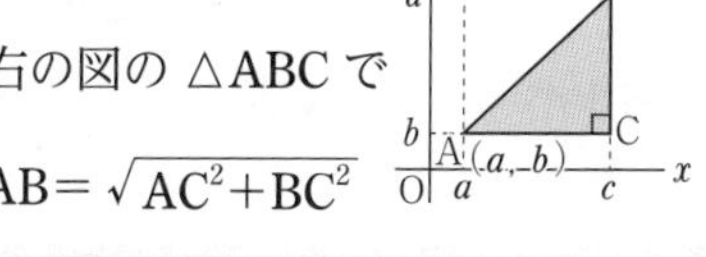

右の図の △ABC で

$AB=\sqrt{AC^2+BC^2}$

$=\sqrt{(\boxed{c-a})^2+(\boxed{d-b})^2}$

□ **直方体の対角線の長さ**

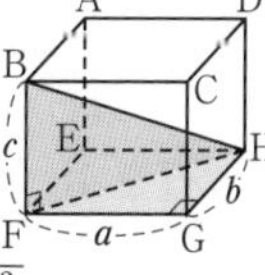

$BH=\sqrt{FH^2+FB^2}$

（FH^2 → FG^2+GH^2）

$=\sqrt{FG^2+GH^2+FB^2}$

$=\sqrt{\boxed{a^2+b^2+c^2}}$

□ **円錐の高さ**

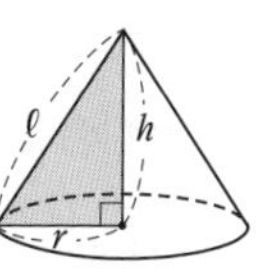

$h=\sqrt{\boxed{\ell^2-r^2}}$

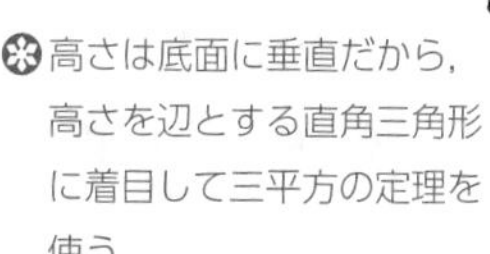

✽高さは底面に垂直だから，高さを辺とする直角三角形に着目して三平方の定理を使う。

2点 A，B 間の距離を求めよう。

□ 右の図の 2 点 A，B

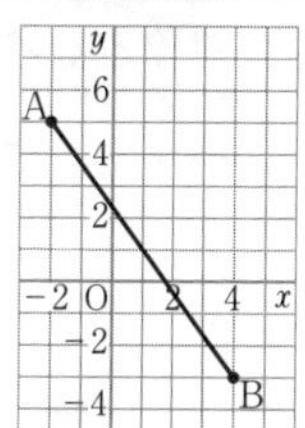

✽A(−2, 5)，B(4, −3)

$AB=\sqrt{\{4-(-2)\}^2+\{5-(-3)\}^2}$

$=\sqrt{6^2+8^2}=\sqrt{100}=10$

10

□ A(3, 2)，B(1, 1)

✽$AB=\sqrt{(3-1)^2+(2-1)^2}$

$=\sqrt{2^2+1^2}=\sqrt{5}$

$\sqrt{5}$

直方体・立方体の対角線の長さを求めよう。

□ 縦 3m，横 5m，高さ 4m の直方体

✽$\sqrt{3^2+5^2+4^2}$

$=\sqrt{50}=5\sqrt{2}$

$5\sqrt{2}$ m

□ 1 辺 4cm の立方体

✽$\sqrt{4^2+4^2+4^2}$

$=\sqrt{48}=4\sqrt{3}$

✽1 辺が a の立方体の対角線の長さは

$\sqrt{a^2+a^2+a^2}$

$=\sqrt{3}\,a$

$4\sqrt{3}$ cm

◎ 攻略のポイント

立体の表面上の 2 点を結ぶ線

頂点 A から辺 BC を通って頂点 G まで糸をかけるとき，もっとも短い長さになるのは，右の展開図で線分 AG のとき。

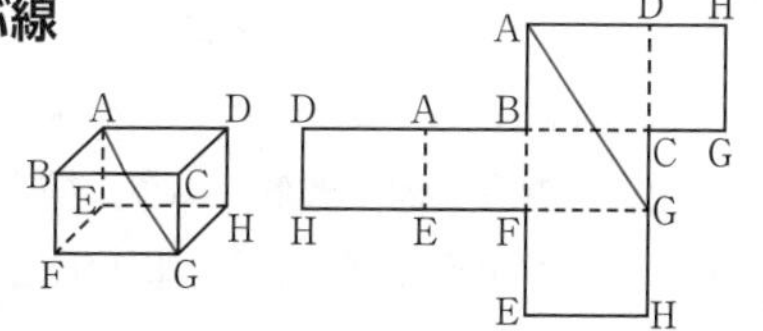

8章　標本調査

教科書
p.228~p.244

次の言葉を答えよう。

□ 対象となる集団のすべてのものについて行う調査。　全数調査

□ 対象となる集団の中から一部を取り出して調べ，もとの集団全体の傾向を推測する調査。　標本調査

□ 標本調査を行うとき，調査する対象となるもとの集団。　母集団

□ 母集団から取り出した一部分。　標本（サンプル）

□ 標本から母集団の性質を推測すること。　推定

□ 母集団からかたよりなく抽出する方法。　無作為抽出

無作為抽出には，
●くじ引き
●乱数表
●乱数さい
●コンピュータ
などを使うよ。

次の調査は，全数調査，標本調査のどちらが適していると考えられる？

□ 電池の寿命の検査　標本調査

□ テレビの視聴率調査　標本調査

□ 学校の数学のテスト　全数調査

□ 海水浴場の水質調査　標本調査

次の問いに答えよう。

□ 白い碁石と黒い碁石が合わせて150個入っている袋をよくかき混ぜて碁石を10個取り出したところ，白い碁石が4個あった。袋の中に白い碁石がx個あるとして，母集団と標本において，碁石の総数と白い碁石の割合は等しいと考えると，

$150 : x = 10 :$ 4

したがって，袋の中の白い碁石は約 60 個と推定できる。

◎ 攻略のポイント

標本調査

集団全体について調査することを**全数調査**，集団の一部分を調査して，全体の傾向を推測する調査を**標本調査**という。**標本**は**母集団**から**無作為抽出**する。
標本にふくまれる割合から，母集団全体にふくまれる数量を推定する。

もくじ

学校図書版　数学3年

テストの範囲や学習予定日をかこう！

1章 式の計算

1 多項式の計算

教科書のココが要点

さらっとまとめ（赤シートを使って，□に入るものを考えよう。）

1 式の乗法・除法 教 p.14〜p.15

・単項式と多項式の乗法は，[分配法則]を使って，かっこをはずす。

$a(b+c)=$ [$ab+ac$]

・多項式を単項式でわる除法は，式を[分数]の形に表して計算するか，[乗法]に直して計算する。

$(a+b)\div c=(a+b)\times\dfrac{1}{c}=$ [$\dfrac{a}{c}+\dfrac{b}{c}$]

2 式の展開 教 p.16〜p.17

・積の形をした式のかっこをはずして，単項式の和の形で表すことを，もとの式を[展開する]という。　$(a+b)(c+d)=$ [$ac+ad+bc+bd$]

3 乗法公式 教 p.18〜p.22

$(x+a)(x+b)=$ [$x^2+(a+b)x+ab$]

$(x+a)^2=$ [$x^2+2ax+a^2$]　　$(x-a)^2=$ [$x^2-2ax+a^2$]

$(x+a)(x-a)=$ [x^2-a^2]

スピード確認（□に入るものを答えよう。答えは，下にあります。）

1

□ $4a(2a-5)=4a\times2a-4a\times5=$ [①]

□ $(8x^2+6x)\div x=(8x^2+6x)\times$ [②] $=$ [③]

★除法は乗法に直して計算する。

2

□ $(x-3)(y+4)=xy+$ [④] $x-$ [⑤] $y-12$

★$(a+b)(c+d)=ac+ad+bc+bd$

3

□ $(x+7)(x-3)=x^2+\{7+($[⑥]$)\}x+7\times(-3)=$ [⑦]

★$(x+a)(x+b)=x^2+(a+b)x+ab$

□ $(x+4)^2=x^2+$ [⑧] $\times4\times x+4^2=$ [⑨]

□ $(a-6)^2=a^2-2\times6\times a+6^2=$ [⑩]

□ $(y+3)(y-3)=y^2-3^2=$ [⑪]

①_____
②_____
③_____
④_____
⑤_____
⑥_____
⑦_____
⑧_____
⑨_____
⑩_____
⑪_____

答 ①$8a^2-20a$　②$\dfrac{1}{x}$　③$8x+6$　④4　⑤3　⑥-3　⑦$x^2+4x-21$　⑧2　⑨$x^2+8x+16$　⑩$a^2-12a+36$　⑪y^2-9

基礎力UP テスト対策問題

1 式の乗法・除法　次の計算をしなさい。

(1) $(-4a+3b)\times(-2a)$　(2) $(6x^2-9x)\div 3x$

(3) $-3x(x^2-2x+1)$　(4) $(-20x^2+4xy)\div\left(-\frac{4}{5}x\right)$

2 式の展開　次の式を展開しなさい。

(1) $(a-x)(b+y)$　(2) $(a-5)(3a-3)$

(3) $(2+x)(2x-3)$　(4) $(3a+7b)(a-6b)$

(5) $(x+4y)(a-3b+2)$　(6) $(x+2y-3)(x-2y)$

3 乗法公式　次の式を展開しなさい。

(1) $(x+5)(x+2)$　(2) $\left(x+\frac{1}{4}\right)\left(x-\frac{1}{6}\right)$

(3) $(x+y)^2$　(4) $\left(a-\frac{1}{3}\right)^2$

(5) $(7+x)(7-x)$　(6) $(2x-3)(2x+5)$

(7) $(a+b-6)(a+b+2)$　(8) $2(x-3)^2-(x+4)(x-5)$

テスト対策ナビ

1 (2)(4) 除法は乗法に直して計算する。

ミス注意！
(3) $-3x(x^2-2x+1)$
$=-3x^3-6x^2-3x$
としないこと。

2 (1) まず，a を b と y にかけ，次に $-x$ を b と y にかける。
(5) $(x+4y)(a-3b+2)$
$=x(a-3b+2)$
$+4y(a-3b+2)$
とする。

3 (1)(2) $(x+a)(x+b)$
$=x^2+(a+b)x+ab$
の公式を使う。
(5) $(x+a)(x-a)$
$=x^2-a^2$
の公式を使う。
(6) $2x$ を1つの数と考える。
(7) $a+b=M$ とおく。
(8) まず，$2(x-3)^2$ と $(x+4)(x-5)$ を別々に展開してから，同類項をまとめる。

解答 p.1

テストに出る！

予想問題 1章 式の計算 1 多項式の計算

20分

/16問中

1 式の乗法・除法　次の計算をしなさい。

(1)　$-\frac{5}{2}x(6x-2y)$

(2)　$(3x^2y+9xy^2)\div 3xy$

(3)　$(15a+3)\times\frac{2}{3}a$

(4)　$(7ab-6b)\div\frac{1}{4}b$

2 よく出る　乗法公式　次の式を展開しなさい。

(1)　$\left(x+\frac{2}{3}\right)\left(x+\frac{3}{4}\right)$

(2)　$(x-8)(x+4)$

(3)　$\left(x+\frac{1}{8}\right)^2$

(4)　$\left(x+\frac{1}{5}\right)\left(x-\frac{1}{5}\right)$

3 いろいろな計算　次の式を展開しなさい。

(1)　$(3x-2)(3x+4)$

(2)　$(2a-5b)^2$

(3)　$(4x+1)^2$

(4)　$(5a+3b)(5a-3b)$

(5)　$(x-y-4)(x-y-5)$

(6)　$(2x-3y)(2x+3y)-4(x-y)^2$

(7)　$(x+y)^2-(x-y)^2$

(8)　$(a-5)(5+a)-2a(a+1)$

成績UPナビ

2 それぞれ乗法公式にあてはめて計算する。

3 (1)～(5)　式の一部を１つの文字におきかえて考える。

2 因数分解　3 式の利用

テストに出る！ 教科書のココが要点

さらっとまとめ（赤シートを使って，□に入るものを考えよう。）

1 因数分解 教 p.25〜p.33

・多項式をいくつかの単項式や多項式の積の形で表すとき，一つひとつの式をもとの多項式の［因数］という。

・多項式をいくつかの因数の積の形で表すことを，その多項式を［因数分解］するという。

$ab+ac=$［$a(b+c)$］

$x^2+(a+b)x+ab=$［$(x+a)(x+b)$］

$x^2+2ax+a^2=$［$(x+a)^2$］

$x^2-2ax+a^2=$［$(x-a)^2$］

$x^2-a^2=$［$(x+a)(x-a)$］

2 式の利用 教 p.34〜p.38

式の展開や因数分解を利用すると，数や図形の性質について証明することができる。

スピード確認（□に入るものを答えよう。答えは，下にあります。）

1 次の式を因数分解しなさい。

□ $6ax-9ay=3a\times 2x-3a\times 3y=$［①］

★共通な因数をくくり出す。

□ $x^2-x-12=x^2+\{3+(-4)\}x+3\times(-4)=$［②］

□ $a^2+6a+9=a^2+2\times 3\times a+3^2=$［③］

□ $x^2-10x+25=x^2-2\times 5\times x+5^2=$［④］

□ $a^2-16=a^2-4^2=$［⑤］

□ $4x^2-8x+4=4($［⑥］$)=$［⑦］

2 次の式をくふうして計算しなさい。

□ $65^2-25^2=(65+25)\times(65-$［⑧］$)=90\times 40=$［⑨］

□ $103^2=($［⑩］$+3)^2=100^2+2\times 100\times 3+3^2=$［⑪］

①＿＿＿＿
②＿＿＿＿
③＿＿＿＿
④＿＿＿＿
⑤＿＿＿＿
⑥＿＿＿＿
⑦＿＿＿＿
⑧＿＿＿＿
⑨＿＿＿＿
⑩＿＿＿＿
⑪＿＿＿＿

答　①$3a(2x-3y)$　②$(x+3)(x-4)$　③$(a+3)^2$　④$(x-5)^2$　⑤$(a+4)(a-4)$
⑥x^2-2x+1　⑦$4(x-1)^2$　⑧25　⑨3600　⑩100　⑪10609

解答 p.2

基礎力UP テスト対策問題

1 因数分解　次の式を因数分解しなさい。

(1) $x^2-4xy+2x$　(2) $3a^2b+7ab^2$

2 公式による因数分解　次の式を因数分解しなさい。

(1) $x^2-10x+16$　(2) a^2-2a-8

(3) $x^2-18x+81$　(4) $49-x^2$

3 いろいろな因数分解　次の式を因数分解しなさい。

(1) $2x^2-2x-24$　(2) $(x+7)^2-10(x+7)+25$

(3) $-4a^2-8ab-4b^2$　(4) $64a^2-9b^2$

4 式の利用　次の式をくふうして計算しなさい。

(1) 102×98　(2) 199^2

5 式の利用　右の図のような縦 x m, 横 y m の長方形の土地の周囲に，幅 z m の道があります。この道の面積を S m^2，道の中央を通る線の長さを ℓ m とするとき，$S=z\ell$ となります。このことを証明しなさい。

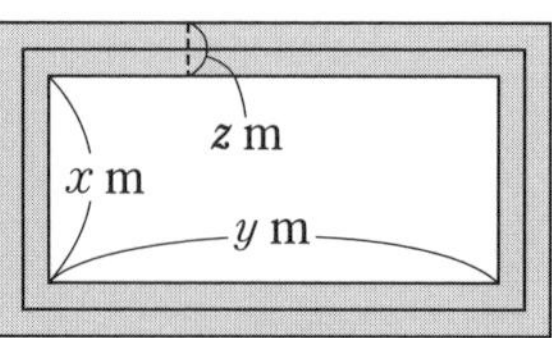

テスト対策ナビ

1 (1) $x^2-4xy+2x$
$=x\times x-x\times4y+x\times2$
より，共通な因数 x をくくり出す。

2 (1) $x^2-10x+16$
$=x^2+\{(-2)+(-8)\}x+(-2)\times(-8)$
として因数分解する。

3 (1) まず共通な因数 2 をくくり出してから，かっこの中を因数分解する。
$2x^2-2x-24$
$=2(x^2-x-12)$
(2) $x+7$ を 1 つの文字におきかえて考える。

4 式の展開または因数分解の公式を使って，計算しやすい方法がないかを考える。

5 S, ℓ を x, y, z を使った式で表す。

解答 p.2

テストに出る！

予想問題　1章 式の計算　2 因数分解　3 式の利用

20分

/15問中

1 共通な因数　次の式を因数分解しなさい。

(1) $3x^2y+6xy^2-xy$

(2) $8a^2+4ab+6a$

2 よく出る　因数分解　次の式を因数分解しなさい。

(1) $x^2-9x+18$

(2) a^2+2a-8

(3) $3ax^2+12ax-36a$

(4) $4a^2+12ab+9b^2$

(5) $a^2-\dfrac{b^2}{25}$

(6) $(3+a)x+(3+a)y$

(7) $(2-y)^2+3(2-y)$

(8) $(x+2)(x-8)+25$

3 式の利用　次の式をくふうして計算しなさい。

(1) 42^2-38^2

(2) 3.1×2.9

4 式の利用　連続する 2 つの整数では，大きい数の 2 乗から小さい数の 2 乗をひいた差は，はじめの 2 つの数の和に等しくなります。このことを証明しなさい。

5 式の利用　$x=12$ のとき，次の式の値を求めなさい。

(1) x^2-4x+4

(2) x^2-121

成績UPナビ

2 (6)(7)　(　)の中の式を 1 つの文字におきかえて考える。

4 連続する 2 つの整数は，小さい数を n とすると，n，$n+1$ と表される。

テストに出る！

章末予想問題 1章 式の計算

30分 /100点

1 次の計算をしなさい。 4点×2〔8点〕

(1) $(x-3y-4)\times(-2x)$ (2) $(8a^2-6ab)\div(-4a)$

2 次の式を展開しなさい。 4点×6〔24点〕

(1) $(x-4)(y-7)$ (2) $(2a-b)(3a+4b)$

(3) $(x+3)(x-8)$ (4) $\left(y-\frac{3}{4}\right)\left(y+\frac{1}{4}\right)$

(5) $(a-7)^2$ (6) $\left(x-\frac{2}{3}\right)\left(x+\frac{2}{3}\right)$

3 次の式を展開しなさい。 4点×4〔16点〕

(1) $(4x-3)(4x+5)$ (2) $(-5a-6)(-5a+2)$

(3) $(x+y+4)(x+y-6)$ (4) $(2x+1)^2-x(x-2)$

4 次の式を因数分解しなさい。 5点×4〔20点〕

(1) $4x^2-6y$ (2) $x^2+8x-20$

(3) $y^2-18y+81$ (4) x^2-81

解答 p.3

満点ゲット作戦
乗法公式を利用するときは，文字 x，a，b にあたるのが何かを確かめて，展開や因数分解を行おう。

5 次の式を因数分解しなさい。 5 点×4〔20 点〕

(1) $4x^2-20xy+25y^2$

(2) $\dfrac{a^2}{4}-\dfrac{b^2}{9}$

(3) $(a+8)^2-1$

(4) $3xy-6x-y+2$

6 差がつく 右の図のように，線分 AB 上に点Cをとり，AB を直径とする円と，AC，CB を直径とする半円をかきます。色のついた部分の面積を S cm^2 とするとき，$S=\pi a(a+b)$ となることを証明しなさい。 〔12 点〕

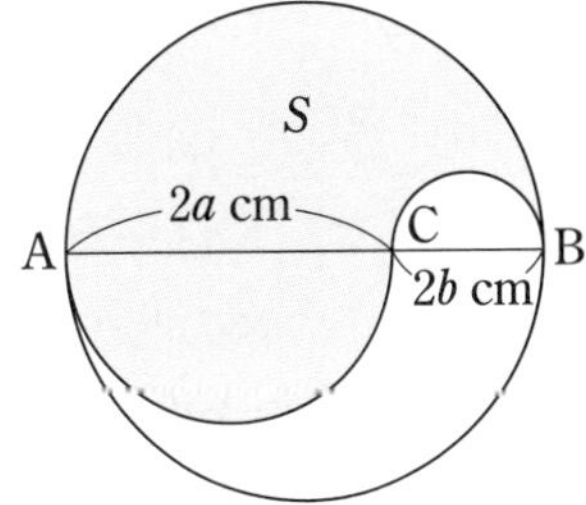

1	(1)	(2)	
2	(1)	(2)	(3)
	(4)	(5)	(6)
3	(1)	(2)	(3)
	(4)		
4	(1)	(2)	(3)
	(4)		
5	(1)	(2)	(3)
	(4)		
6			

1	/8点	**2**	/24点	**3**	/16点	**4**	/20点	**5**	/20点	**6**	/12点

2章 平方根

1 平方根

テストに出る！ **教科書のココが要点**

さらっとまとめ（赤シートを使って，□に入るものを考えよう。）

1 平方根 教 p.46～p.49

・$\sqrt{a}$（［ルート a］と読む）… 2 乗すると a になる正の数であり，$\sqrt{\ }$ を［根号］という。

・［近似値］…真の値に近い値

・$x^2=a$ であるとき，x を a の［平方根］という。a が正の数のとき，a の平方根は，正の方を［$\sqrt{a}$］，負の方を［$-\sqrt{a}$］と表し，まとめて［$\pm\sqrt{a}$］と表す。また，2 つの平方根の［絶対値］は等しい。

・［負の数］には平方根はなく，0 の平方根は［0］だけである。

・a が正の数のとき，$(\sqrt{a})^2=a$，$(-\sqrt{a})^2=a$

2 平方根の大小 教 p.50～p.51

・a，b が正の数のとき，$a<b$ ならば $\sqrt{a}$［$<$］$\sqrt{b}$

3 有理数と無理数 教 p.52～p.53

・$\dfrac{\text{整数}}{\text{0 でない整数}}$ のように分数で表すことができる数を［有理数］，分数で表せない数を［無理数］という。円周率 π は［無理数］である。

スピード確認（□に入るものを答えよう。答えは，下にあります。）

1

□ 真の値に近い値を［①］という。
1.414 は自然数［②］の正の方の平方根の近似値である。

□ 25 の平方根は［③］，6 の平方根は［④］

□ 根号を使わずに表すと，$-\sqrt{9}=$［⑤］，$\sqrt{\dfrac{9}{16}}=$［⑥］

□ $(\sqrt{3})^2=$［⑦］，$\left(-\sqrt{\dfrac{2}{7}}\right)^2=$［⑧］

2

□ 数の大小を不等号を使って表すと，$\sqrt{37}$［⑨］6

□ 数の大小を不等号を使って表すと，-5［⑩］$-\sqrt{24}$

★$5=\sqrt{25}$，$25>24$ であるから，$5>\sqrt{24}$

3

□ -0.5，$\sqrt{3}$，$\sqrt{4}$，11 の中で，無理数は［⑪］である。

①______
②______
③______
④______
⑤______
⑥______
⑦______
⑧______
⑨______
⑩______
⑪______

答 ①近似値 ②2 ③±5 ④$\pm\sqrt{6}$ ⑤-3 ⑥$\dfrac{3}{4}$ ⑦3 ⑧$\dfrac{2}{7}$ ⑨$>$ ⑩$<$ ⑪$\sqrt{3}$

解答 p.3

基礎力UP テスト対策問題

1 平方根　次の問いに答えなさい。

(1) 次の数の平方根を求めなさい。

① 4　　② $\frac{25}{64}$

(2) 次の数の平方根を，根号を使って表しなさい。

① 17　　② 0.7

(3) 次の数を，根号を使わずに表しなさい。

① $\sqrt{100}$　　② $-\sqrt{49}$

③ $\sqrt{\frac{16}{81}}$　　④ $\sqrt{(-17)^2}$

(4) 次の数を求めなさい。

① $(\sqrt{11})^2$　　② $(-\sqrt{18})^2$

③ $(-\sqrt{0.7})^2$　　④ $\left(\sqrt{\frac{5}{11}}\right)^2$

2 平方根の大小　次の各組の数の大小を，不等号を使って表しなさい。

(1) $\sqrt{18}$，$\sqrt{6}$　　(2) 14，$\sqrt{140}$

(3) $-\sqrt{21}$，$-\sqrt{23}$　　(4) $\sqrt{7}$，8，$\sqrt{11}$

3 有理数と無理数　次の数の中から，無理数をすべて選びなさい。

-9，$\sqrt{7}$，$-\sqrt{18}$，$\sqrt{25}$，-0.3

テスト対策ナビ

絶対に覚える！

$\pm\sqrt{a}$ ⇄ a（$\pm\sqrt{a}$ → a：2乗（平方），a → $\pm\sqrt{a}$：平方根）

ミス注意！

1 (3)④ $(-17)^2=289$ で，$\sqrt{(-17)^2}$ は 289 の平方根の正の方を表す。

1 (4) $(\sqrt{a})^2=a$，$(-\sqrt{a})^2=a$
①～④のいずれも2乗しているので，答えは正の数になる。

絶対に覚える！

$0<a<b$ ならば
$\sqrt{a}<\sqrt{b}$
$-\sqrt{a}>-\sqrt{b}$

テストに出る！
予想問題　2章 平方根　1 平方根

🕓20分　/18問中

1 平方根　次の数の平方根を求めなさい。

(1) 0　　(2) 0.49　　(3) $\frac{5}{6}$

2 平方根　次の数を根号を使わずに表しなさい。

(1) $\sqrt{9}$　　(2) $\sqrt{(-0.64)^2}$　　(3) $(-\sqrt{1.2})^2$

3 平方根　次のことがらは正しいですか。正しいものには○をつけ，誤りがあるものは，下線部を正しく書き直しなさい。

(1) 9 の平方根は $\underline{3\text{のみ}}$である。　　(2) $\sqrt{100}=\underline{\pm 10}$ である。

(3) $\sqrt{(-7)^2}=\underline{-7}$ である。　　(4) $-\sqrt{9}$ は -4 より$\underline{\text{大きい}}$。

4 よく出る　平方根の大小　次の各組の数の大小を，不等号を使って表しなさい。

(1) $-5,\ -\sqrt{24}$　　(2) $-\sqrt{10},\ -3,\ -\sqrt{8}$

5 平方根の大小　次の数直線上の点 A，B，C，D，E は，下の数のどれかと対応しています。これらの点に対応する数を，それぞれ求めなさい。

$-\frac{7}{4}$，2.5，$-\sqrt{6}$，$\sqrt{3}$，$-\sqrt{10}$

A B C　D E
−4 −3 −2 −1 0 1 2 3 4

6 有理数と無理数　次の数の中から，無理数をすべて選びなさい。

㋐ $\frac{2}{5}$　　㋑ $-\sqrt{7}$　　㋒ 2.4　　㋓ $\sqrt{\frac{9}{16}}$

㋔ -5　　㋕ $\sqrt{16}$　　㋖ $\sqrt{\frac{4}{11}}$　　㋗ 0

成績UPナビ

4 $0<a<b$ のときは，$-\sqrt{a}>-\sqrt{b}$ となることに注意する。

6 無理数は分数で表せない数である。

2 根号をふくむ式の計算

テストに出る！ 教科書のココが要点

さらっとまとめ（赤シートを使って，□に入るものを考えよう。）

1 根号をふくむ式の乗法・除法 教 p.55～p.59

a，b が正の数のとき

・$\sqrt{a}\times\sqrt{b}=\sqrt{\boxed{ab}}$　・$\dfrac{\sqrt{a}}{\sqrt{b}}=\sqrt{\boxed{\dfrac{a}{b}}}$　・$a\sqrt{b}=\sqrt{\boxed{a^2\times b}}$

・分子と分母に同じ数をかけて，分母に根号をふくまない形に直すことを，分母を［有理化］するという。

2 根号をふくむ式の加法・減法 教 p.60～p.63

・$a\sqrt{c}+b\sqrt{c}=(\boxed{a+b})\sqrt{c}$

3 平方根の利用 教 p.64～p.65

身のまわりの問題を，平方根を利用して解決する。

スピード確認（□に入るものを答えよう。答えは，下にあります。）

1

□ $\sqrt{5}\times\sqrt{7}=$ ①

□ $\sqrt{6}\div\sqrt{2}=$ ②

□ $3\sqrt{5}$ を $\sqrt{a}$ の形に直すと，$3\sqrt{5}=\sqrt{9}\times\sqrt{5}=$ ③

□ $\sqrt{80}$ を $a\sqrt{b}$ の形に直すと，$\sqrt{80}=\sqrt{16\times5}=\sqrt{4^2}\times\sqrt{5}=$ ④

□ $\sqrt{\dfrac{11}{49}}=\dfrac{\sqrt{11}}{\sqrt{49}}=$ ⑤

□ $\dfrac{5}{\sqrt{2}}$ の分母を有理化すると，$\dfrac{5}{\sqrt{2}}=\dfrac{5\times\sqrt{2}}{\sqrt{2}\times\sqrt{2}}=$ ⑥

□ $2\sqrt{3}\times\sqrt{2}=$ ⑦

□ $3\sqrt{10}\div\sqrt{2}=\dfrac{3\sqrt{10}}{\sqrt{2}}=3\times$ ⑧ $=$ ⑨

2

□ $2\sqrt{7}-5\sqrt{7}=$ ⑩

□ $\sqrt{3}(\sqrt{12}-\sqrt{8})=\sqrt{3}(2\sqrt{3}-2\sqrt{2})=$ ⑪

□ $(\sqrt{3}-1)(\sqrt{3}+2)=(\sqrt{3})^2+\{(-1)+2\}\sqrt{3}+(-1)\times2=$ ⑫

①＿＿＿
②＿＿＿
③＿＿＿
④＿＿＿
⑤＿＿＿
⑥＿＿＿
⑦＿＿＿
⑧＿＿＿
⑨＿＿＿
⑩＿＿＿
⑪＿＿＿
⑫＿＿＿

答　①$\sqrt{35}$　②$\sqrt{3}$　③$\sqrt{45}$　④$4\sqrt{5}$　⑤$\dfrac{\sqrt{11}}{7}$　⑥$\dfrac{5\sqrt{2}}{2}$　⑦$2\sqrt{6}$　⑧$\sqrt{5}$　⑨$3\sqrt{5}$　⑩$-3\sqrt{7}$　⑪$6-2\sqrt{6}$　⑫$1+\sqrt{3}$

解答 p.4

基礎力UP テスト対策問題

1 根号をふくむ式の乗法・除法　次の計算をしなさい。

(1) $\sqrt{3}\sqrt{13}$　　(2) $\sqrt{150}\div\sqrt{25}$

2 根号をふくむ数の変形　次の数を $\sqrt{a}$ の形に直しなさい。

(1) $2\sqrt{7}$　　(2) $5\sqrt{2}$

3 根号をふくむ数の変形　次の数を $a\sqrt{b}$ の形に直しなさい。

(1) $\sqrt{18}$　　(2) $\sqrt{500}$

4 分母の有理化　次の数の分母を有理化しなさい。

(1) $\dfrac{\sqrt{2}}{\sqrt{3}}$　　(2) $\dfrac{6}{\sqrt{5}}$

5 平方根の近似値　$\sqrt{2}=1.414$，$\sqrt{20}=4.472$ として，次の数の近似値を求めなさい。

(1) $\sqrt{200}$　　(2) $\sqrt{2000}$　　(3) $\sqrt{162}$

6 根号をふくむ式の計算　次の計算をしなさい。

(1) $2\sqrt{3}+5\sqrt{3}$　　(2) $\sqrt{20}-\sqrt{40}+3\sqrt{5}$

(3) $\sqrt{20}-\dfrac{3}{\sqrt{5}}$　　(4) $(\sqrt{14}+\sqrt{18})\div\sqrt{2}$

(5) $(2\sqrt{5}-1)^2$　　(6) $(\sqrt{6}+\sqrt{3})(\sqrt{6}-\sqrt{3})$

7 根号をふくむ式の値　$x=\sqrt{3}+\sqrt{2}$，$y=\sqrt{3}-\sqrt{2}$ のとき，x^2-y^2 の値を求めなさい。

絶対に覚える!

a，b が正の数のとき，

$\sqrt{a}\times\sqrt{b}=\sqrt{ab}$

$\dfrac{\sqrt{a}}{\sqrt{b}}=\sqrt{\dfrac{a}{b}}$

ポイント

分母を有理化するときは，分母と分子に同じ数をかける。

$\dfrac{a}{\sqrt{b}}=\dfrac{a\times\sqrt{b}}{\sqrt{b}\times\sqrt{b}}=\dfrac{a\sqrt{b}}{b}$

思い出そう!

6 (5) $(x-a)^2=x^2-2ax+a^2$

(6) $(x+a)(x-a)=x^2-a^2$

7 x^2-y^2 を因数分解してから x，y の値を代入すると計算しやすい。

テストに出る！

予想問題　2章 平方根　2 根号をふくむ式の計算

20分　/21問中

1 根号をふくむ数の変形　次の数を，根号の中をできるだけ小さい自然数に直しなさい。

(1) $\sqrt{63}$　(2) $\sqrt{108}$　(3) $6\sqrt{28}$

2 分母の有理化　次の数の分母を有理化しなさい。

(1) $\dfrac{12}{\sqrt{6}}$　(2) $\dfrac{5}{2\sqrt{5}}$　(3) $\dfrac{36}{\sqrt{72}}$

3 よく出る　根号をふくむ式の乗法・除法　次の計算をしなさい。

(1) $\sqrt{32}\times\sqrt{2}$　(2) $5\sqrt{3}\times2\sqrt{6}$　(3) $-2\sqrt{5}\times3\sqrt{10}$

(4) $(-\sqrt{5})\div(-\sqrt{500})$　(5) $4\sqrt{15}\div2\sqrt{10}$　(6) $\dfrac{5\sqrt{7}}{12}\div\dfrac{\sqrt{5}}{4}$

4 平方根の近似値　$\sqrt{2}=1.414$，$\sqrt{20}=4.472$ として，次の数の近似値を求めなさい。

(1) $\sqrt{18}$　(2) $\sqrt{0.2}$　(3) $\dfrac{8}{\sqrt{2}}$

5 根号をふくむ式の加法・減法　次の計算をしなさい。

(1) $\sqrt{32}-\sqrt{50}$　(2) $2\sqrt{2}+3\sqrt{3}-5\sqrt{3}+7\sqrt{2}$

6 根号をふくむ式のいろいろな計算　次の計算をしなさい。

(1) $\sqrt{6}\left(\dfrac{5}{\sqrt{3}}-3\sqrt{2}\right)$　(2) $(\sqrt{7}+3)(3-\sqrt{7})$

7 よく出る　根号をふくむ式の値　$a=4-\sqrt{5}$ のとき，次の式の値を求めなさい。

(1) $a^2-8a+16$　(2) a^2-3a-4

4 $\sqrt{2}$×有理数 か $\sqrt{20}$×有理数 のどちらに変形できるか考える。
7 先に式を因数分解してから，a の値を代入する。

テストに出る！

章末予想問題 2章 平方根

30分

/100点

1 次の問いに答えなさい。

4点×5〔20点〕

(1) 32 の平方根を求めなさい。

(2) $-\sqrt{\dfrac{4}{9}}$ を根号を使わずに表しなさい。

(3) -7，$-3\sqrt{5}$ の大小を，不等号を使って表しなさい。

(4) $\dfrac{\sqrt{14}-\sqrt{3}}{\sqrt{2}}$ の分母を有理化しなさい。

(5) 次の数の中から，無理数をすべて選びなさい。

㋐ 3.14　㋑ $\dfrac{3}{\sqrt{2}}$　㋒ π　㋓ $\sqrt{\dfrac{9}{25}}$

2 次の問いに答えなさい。

8点×3〔24点〕

(1) 縦が 3 cm，横が 7 cm の長方形があります。この長方形と面積が等しい正方形の1辺の長さを求めなさい。

(2) $\sqrt{10}<a<\sqrt{50}$ をみたす整数 a の値をすべて求めなさい。

(3) n は自然数とします。$\sqrt{168n}$ が自然数となるときの n のうちで，もっとも小さい値を求めなさい。

解答 p.5

満点ゲット作戦

根号の中をできるだけ小さい自然数にしたり，分母に根号があるときは，分母を有理化したりして，計算しよう。

ココが要点を再確認　もう一歩　合格
0　70　85　100点

3 次の計算をしなさい。　5点×8〔40点〕

(1) $\sqrt{18}\times\sqrt{20}$

(2) $\sqrt{24}\div3\sqrt{32}\times2\sqrt{18}$

(3) $\sqrt{\frac{6}{5}}\times(-4\sqrt{6})$

(4) $3\sqrt{3}-\sqrt{28}-2\sqrt{48}+\sqrt{175}$

(5) $\frac{1}{2\sqrt{2}}+\frac{6}{\sqrt{3}}\div\sqrt{6}$

(6) $2\sqrt{3}\left(\sqrt{27}-\frac{\sqrt{15}}{3}\right)$

(7) $\frac{3\sqrt{14}}{7}-\sqrt{\frac{2}{7}}$

(8) $(\sqrt{13}-\sqrt{5})(\sqrt{13}+\sqrt{5})-(\sqrt{5}-\sqrt{3})^2$

4 差がつく 次の問いに答えなさい。　8点×2〔16点〕

(1) $\sqrt{7}=a$ とするとき，$\sqrt{700}+\sqrt{0.07}$ を a を使って表しなさい。

(2) 体積が 450 cm^3，正方形の面を底面としたときの高さが 10 cm の正四角柱があります。この正四角柱の底面の1辺の長さを求めなさい。

1	(1)	(2)	(3)
	(4)	(5)	
2	(1)	(2)	(3)
3	(1)	(2)	(3)
	(4)	(5)	(6)
	(7)	(8)	
4	(1)	(2)	

1	/20点	2	/24点	3	/40点	4	/16点

3章 2次方程式

1 2次方程式の解き方

テストに出る！ 教科書のココが要点

さらっとまとめ（赤シートを使って，□に入るものを考えよう。）

1 2次方程式とその解 教 p.76〜p.78

・$ax^2+bx+c=0$（a は 0 でない）の形で表される方程式を，x についての 2次方程式 という。

・2次方程式 $ax^2+bx+c=0$ を成り立たせる x の値を，その2次方程式の 解 という。

・2次方程式の解をすべて求めることを，その2次方程式を 解く という。

2 因数分解を使った解き方 教 p.79〜p.81

・$AB=0$ ならば，$A=0$ または $B=0$ が成り立つ。この性質と因数分解を使って解く。

3 平方根の考えを使った解き方 教 p.82〜p.85

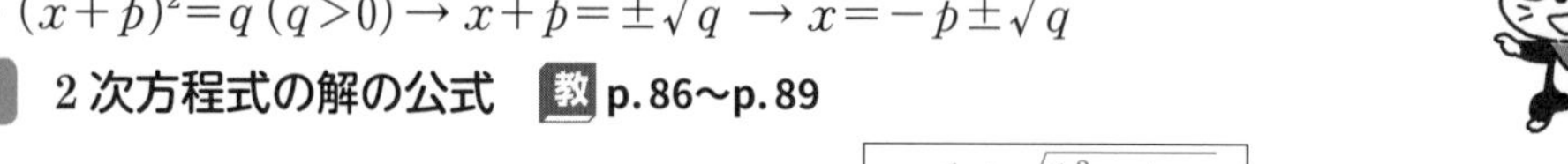

・$ax^2+c=0\ (a \neq 0) \rightarrow x^2=k\ (k>0)$ の形にする $\rightarrow x=\pm\sqrt{k}$

・$(x+p)^2=q\ (q>0) \rightarrow x+p=\pm\sqrt{q} \rightarrow x=-p\pm\sqrt{q}$

4 2次方程式の解の公式 教 p.86〜p.89

・2次方程式 $ax^2+bx+c=0$ の解は，$x=\dfrac{-b\pm\sqrt{b^2-4ac}}{2a}$

スピード確認（□に入るものを答えよう。答えは，下にあります。）

1

□ 2次方程式 $x^2-6x+8=0$ について，

$2^2-6\times2+8=0$ 　$4^2-6\times4+8=$ ①

したがって，$x^2-6x+8=0$ の解は，$x=2$，$x=$ ②

2

□ $x^2+2x-3=0 \rightarrow (x+3)(x-1)=0 \rightarrow x=$ ③，$x=1$

□ $x^2+4x+4=0 \rightarrow (x+2)^2=0 \rightarrow x=$ ④

3

□ $2x^2-16=0 \rightarrow x^2=8 \rightarrow x=$ ⑤

□ $(x-3)^2-7=0 \rightarrow (x-3)^2=7 \rightarrow x-3=$ ⑥ $\rightarrow x=$ ⑦

□ $x^2-5x+3=0 \rightarrow x^2-5x=-3 \rightarrow x^2-5x+\left(\dfrac{5}{2}\right)^2=-3+\left(\dfrac{5}{2}\right)^2$

$\left(x-\dfrac{5}{2}\right)^2=\dfrac{13}{4}$ 　$x-\dfrac{5}{2}=\pm\dfrac{\sqrt{13}}{2}$ 　$x=$ ⑧

4

□ $3x^2+4x-1=0$ について，解の公式より，

$x=\dfrac{-4\pm\sqrt{4^2-4\times3\times(-1)}}{2\times ⑨}=$ ⑩ 　★解の公式はとても重要！

①＿＿＿
②＿＿＿
③＿＿＿
④＿＿＿
⑤＿＿＿
⑥＿＿＿
⑦＿＿＿
⑧＿＿＿
⑨＿＿＿
⑩＿＿＿

答 ①0 ②4 ③−3 ④−2 ⑤$\pm2\sqrt{2}$ ⑥$\pm\sqrt{7}$ ⑦$3\pm\sqrt{7}$ ⑧$\dfrac{5\pm\sqrt{13}}{2}$ ⑨3 ⑩$\dfrac{-2\pm\sqrt{7}}{3}$

基礎力UP テスト対策問題

1 2次方程式とその解　次の㋐～㋓の方程式のうち，解の1つが4であるものはどれですか。

㋐ $x^2-5x+4=0$　　㋑ $x^2-3=-2x$

㋒ $(x-1)(x-6)=-6$　　㋓ $x=\frac{1}{4}x^2$

2 因数分解を使った解き方　次の方程式を解きなさい。

(1) $(x-3)(x+1)=0$　　(2) $x(x+4)=0$

(3) $x^2-3x+2=0$　　(4) $x^2-x-6=0$

(5) $x^2-5x=0$　　(6) $x^2-6x+9=0$

3 平方根の考えを使った解き方　次の方程式を解きなさい。

(1) $x^2-3=0$　　(2) $3x^2-24=0$

(3) $(x+5)^2=9$　　(4) $(x-2)^2-3=0$

(5) $x^2-6x=4$　　(6) $(4-3x)^2=7$

4 2次方程式の解の公式　次の方程式を，解の公式を使って解きなさい。

(1) $2x^2-3x-4=0$　　(2) $3x^2+6x-1=0$

(3) $4x^2-5x-6=0$　　(4) $9x^2-12x+4=0$

5 いろいろな2次方程式　次の方程式を解きなさい。

(1) $x^2+4x+14=7x+18$　　(2) $(x-9)(x+5)=-33$

テスト対策ナビ

1 xに4を代入して，(左辺)＝(右辺)になるか調べる。

絶対に覚える!

■因数分解による解き方

$AB=0$ ならば

$A=0$ または $B=0$

ポイント

■$ax^2=c$ の形

$\to x^2=\frac{c}{a}$

$\to x=\pm\sqrt{\frac{c}{a}}$

■$(x+p)^2=q$ の形

$\to x+p=\pm\sqrt{q}$

$\to x=-p\pm\sqrt{q}$

絶対に覚える!

2次方程式

$ax^2+bx+c=0$ の解は，

$x=\frac{-b\pm\sqrt{b^2-4ac}}{2a}$

5 $x^2+px+q=0$ の形に整理すると，左辺が因数分解できる。

解答 p.5

テストに出る!

予想問題 3章 2次方程式 1 2次方程式の解き方

20分

/18問中

1 よく出る 因数分解を使った解き方 次の方程式を解きなさい。

(1) $(x-4)(x-8)=0$　　(2) $x^2+10x+24=0$

(3) $x^2-49=0$　　(4) $x^2-22x=-121$

2 平方根の考えを使った解き方 次の方程式を解きなさい。

(1) $49x^2=9$　　(2) $(2x+1)^2=36$

(3) $(x+2)^2-7=0$　　(4) $9x^2-12=0$

3 よく出る 2次方程式の解の公式 次の方程式を，解の公式を使って解きなさい。

(1) $2x^2+5x-1=0$　　(2) $x^2-2x-5=0$

(3) $4x^2+8x+3=0$　　(4) $4x+2=3x^2$

4 いろいろな2次方程式 次の方程式を解きなさい。

(1) $x^2-\frac{5}{6}=0$　　(2) $(x-3)(x+6)=10$

(3) $\frac{x^2}{4}-\frac{x}{2}=\frac{3}{4}$　　(4) $x(4x+1)=3$

5 2次方程式の解の問題 2次方程式 $x^2+ax+72=0$ の解の1つが8のとき，a の値を求めなさい。また，もう1つの解を求めなさい。

4 (2)(3)(4) まず (2次式)=0 の形に直してから解く。

5 x に8を代入して，a の値を求める。

2 2次方程式の利用

テストに出る！ 教科書のココが要点

さらっとまとめ（赤シートを使って，□に入るものを考えよう。）

1 2次方程式を利用した問題の解き方 教 p.91～p.93

① 問題の中にある数量の関係を見つけ，文字を使って［方程式］をつくる。

② 方程式を解き，解が問題に［適しているか］どうかを確かめる。

2 数の問題 教 p.91～p.92

・問題文に「整数」「自然数」「正の数」などの条件が書かれている場合，方程式の解が問題に適していないことがあるので注意する。

3 図形の問題 教 p.92

・長さを表す x は［負］にはならない。また，土地に道をつくる問題では，道の幅が土地全体の長さをこえることはないので注意する。

4 点の移動の問題 教 p.93

・たった時間や長さを表す x は［負］にはならない。また，「点PがAからBまで移動する」とあった場合，$0 \leqq \mathrm{AP} \leqq$［AB］となるので注意する。

スピード確認（□に入るものを答えよう。答えは，下にあります。）

2 □ ある整数に5を加えて2乗するところを，誤って5を加えて2倍してしまいました。しかし，答えは同じになりました。もとの整数を求めなさい。

もとの整数を x とすると，$(x+5)^2=2(x+$［①］$)$

$x^2+8x+15=0$　$(x+5)(x+$［②］$)=0$　$x=-5$，$x=$［③］

これらは，どちらも問題に適している。　　答　-5，-3

① ＿＿＿＿

② ＿＿＿＿

③ ＿＿＿＿

3 □ 右の図のように，縦15 m，横20 mの土地に幅が一定の道をつくり，残った土地の面積を204 m² にするには道の幅は何 m にすればよいですか。

20 m

15 m

道の幅を x m として，残った土地について式をつくると，

$(15-x)(20-x)=$［④］

これを解くと，$x^2-35x+96=0$

$(x-$［⑤］$)(x-32)=0$　$x=$［⑥］，$x=32$

$0<x<15$ であるから，$x=$［⑦］は問題に適しているが，

$x=$［⑧］は問題に適していない。　　答　3 m

④ ＿＿＿＿

⑤ ＿＿＿＿

⑥ ＿＿＿＿

⑦ ＿＿＿＿

⑧ ＿＿＿＿

答 ①5　②3　③−3　④204　⑤3　⑥3　⑦3　⑧32

解答 p.6

基礎力UP テスト対策問題

1 整数の問題　ある整数の2乗と，その整数を2倍して15を加えた数が同じになります。この整数を求めなさい。

2 数の問題　連続する2つの整数があります。この2つの整数の積は，2つの整数の和よりも55大きくなります。この2つの整数を求めなさい。

3 図形の問題　横が縦より15 cm長い長方形の厚紙があります。この厚紙の4すみから1辺5 cmの正方形を切り取って，ふたのない箱をつくったところ，その容積が500 cm^3 になりました。もとの厚紙の縦の長さを求めなさい。

4 図形の問題　右の図のように，正方形の土地の縦を8 m短くし，横を10 m長くしたところ，その面積が880 m^2 になりました。もとの土地の1辺の長さを求めなさい。

5 点の移動の問題　1辺8 cmの正方形ABCDがあります。点Pは，辺AB上をAからBまで動きます。また，点Qは，点Pと同時に出発して，点Pと同じ速さで辺BC上をBからCまで動きます。△PBQの面積が6 cm^2 になるのは，点PがAから何cm動いたときですか。

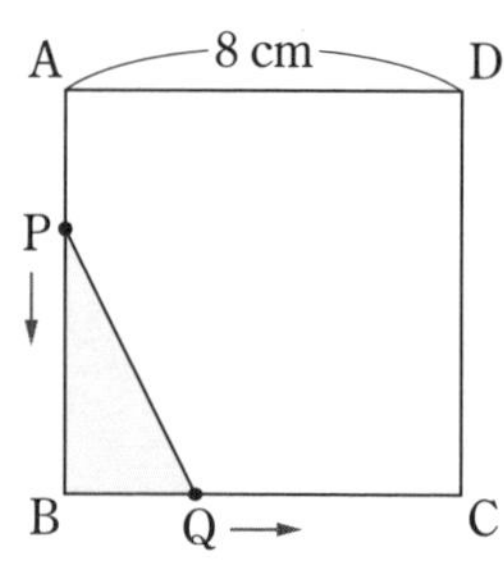

テスト対策ナビ

1 ある整数を x として，関係を式に表す。

ポイント
連続する2つの整数
x，$x+1$
連続する3つの整数
$x-1$，x，$x+1$

3 もとの厚紙の縦の長さを x cmとすると，直方体の容器の底面の縦の長さは$(x-10)$ cm，
底面の横の長さは
$(x+15-10)$ cm

4 正方形の土地の1辺の長さを x mとして，長方形の土地の縦と横の長さを x の式で表す。

5 APの長さを x cmとすると，
PB$=(8-x)$ cm，
BQ$=x$ cm より，
△PBQの面積を x の式で表すことができる。

 解答 p.6

テストに出る！

予想問題　3章 2次方程式　2 2次方程式の利用

20分　/5問中

1 よく出る　整数の問題　連続する3つの整数があります。もっとも小さい数の2乗ともっとも大きい数の2乗の和は，中央の数の2倍より6大きくなります。この3つの整数を求めなさい。

2 数の問題　大小2つの自然数があります。その差は6で，積は112です。この2つの自然数を求めなさい。

3 図形の問題　正方形の厚紙の4すみから1辺4 cmの正方形を切り取り，ふたのない直方体の容器をつくったら，容積が576 cm³になりました。もとの厚紙の1辺の長さを求めなさい。

4 図形の問題　右の図のように，正方形の土地に，幅が2 mの道と花だんをつくります。花だんの面積が81 m²になるとき，全体の土地の1辺の長さは何mですか。

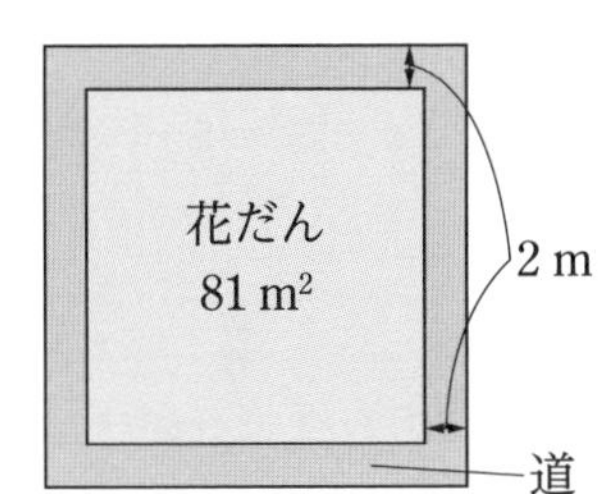

5 点の移動の問題　直角二等辺三角形ABCがあります。点Pは，秒速1 cmで辺AB上をAからBまで動きます。また，点Qは，点Pと同時に出発して，点Pと同じ速さで辺BC上をCからBまで動きます。△PBQの面積が△ABCの面積の$\frac{4}{9}$になるのは，点P，Qが出発してから何秒後ですか。

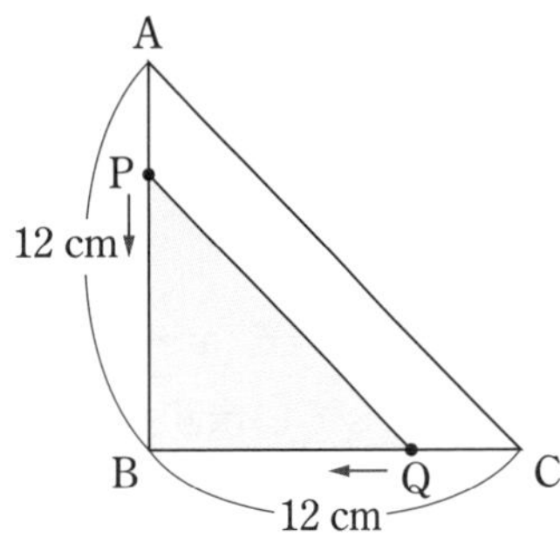

4 全体の土地の1辺の長さをx mとすると，花だんの1辺の長さは$x-2\times2$ (m)になる。
5 求める時間をx秒後として，△PBQの面積をxの式で表す。

テストに出る！

章末予想問題　3章 2次方程式

⏱ 30分

/100点

1 -3，-2，-1，0，1，2，3 のうち，次の方程式の解であるものを答えなさい。

4点×2〔8点〕

(1) $2x^2=4x+6$　　(2) $x^2-9=0$

2 次の方程式を解きなさい。　4点×8〔32点〕

(1) $5x^2-80=0$　　(2) $\dfrac{3}{8}x^2=9$

(3) $x^2-9x+3=0$　　(4) $3x^2-2x-2=0$

(5) $5x^2-7x+2=0$　　(6) $x^2-4=6x$

(7) $(x-2)^2=5$　　(8) $3(x+1)^2-60=0$

3 次の方程式を解きなさい。　4点×4〔16点〕

(1) $x^2+6x-16=0$　　(2) $x^2-14x+49=0$

(3) $-2x^2+14x+60=0$　　(4) $(x+4)(x-5)=2(3x-1)$

4 2次方程式 $x^2+x-20=0$ の小さい方の解が2次方程式 $x^2+ax-3a-1=0$ の解の1つになっています。このとき，次の問いに答えなさい。　7点×2〔14点〕

(1) 方程式 $x^2+x-20=0$ の解を求めなさい。

(2) a の値を求めなさい。

満点ゲット作戦

2次方程式を解くときは，まず因数分解を利用できるかを考え，できなければ解の公式などを使って解こう。

5 連続する3つの自然数があります。そのもっとも小さい数を2乗したら，残りの2数の和に等しくなりました。この3つの自然数を求めなさい。〔10点〕

6 右の図のように，縦5m，横12mの長方形の土地に，縦，横に同じ幅の道をつけて，残りを花だんにします。花だんの面積を長方形の土地の面積の $\frac{3}{5}$ にするには，道の幅を何mにすればよいですか。〔10点〕

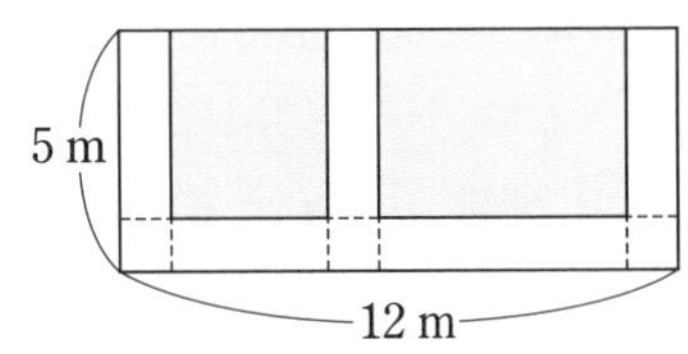

7 **差がつく** 右の図のような長方形ABCDで，点Pは，辺BC上をBからCまで動きます。また，点Qは，点Pと同時に出発して，点Pの2倍の速さで辺CD上をCからDまで動きます。△APQの面積が $28\ \text{cm}^2$ になるのは，点PがBから何cm動いたときですか。〔10点〕

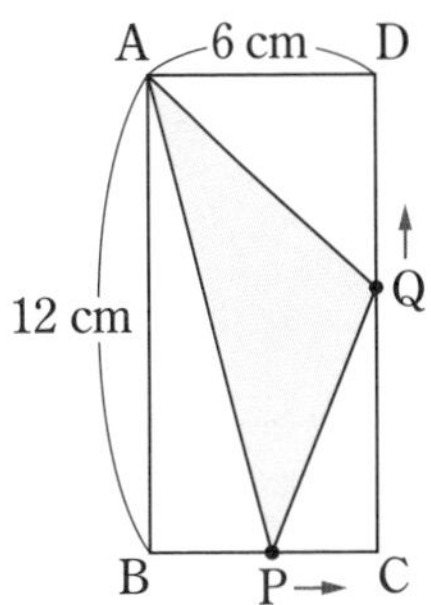

1	(1)	(2)	
2	(1)	(2)	(3)
	(4)	(5)	(6)
	(7)	(8)	
3	(1)	(2)	(3)
	(4)		
4	(1)	(2)	
5			
6			
7			

1	2	3	4	5	6	7
/8点	/32点	/16点	/14点	/10点	/10点	/10点

1 関数 $y=ax^2$

テストに出る！ 教科書のココが要点

さらっとまとめ（赤シートを使って，□に入るものを考えよう。）

1 2乗に比例する関数 教 p.102～p.104

・y が x の関数であり，$y=ax^2$（$a \neq 0$）の式で表せるとき，
y は x の2乗に比例する という。また，a を 比例定数 という。

2 関数 $y=ax^2$ のグラフ 教 p.105～p.112

・y 軸 を対称の軸，原点 を頂点とする 放物線。
・$a>0$ のときは 上 に開いた形，$a<0$ のときは 下 に開いた形。
・a の絶対値が大きいほど，グラフの開き方は 小さい。
・$y=ax^2$ のグラフと $y=-ax^2$ のグラフは，x 軸 について対称である。

3 関数 $y=ax^2$ の値の変化 教 p.113～p.118

・x の値が増加するとき，y の値は，$a>0$ のときは $x=0$ を境として 減少 から 増加 に，$a<0$ のときは $x=0$ を境として 増加 から 減少 に変わる。

・$(\text{変化の割合})=\dfrac{(y\text{の増加量})}{(x\text{の増加量})}$　・関数 $y=ax^2$ では，変化の割合は一定 ではない。

スピード確認（□に入るものを答えよう。答えは，下にあります。）

1
□ y は x の2乗に比例し，$x=3$ のとき $y=-18$ である。
このとき，y を x の式で表すと，$y=$ ①
また，$x=-1$ のときの y の値は ②

2
右のグラフ㋐～㋓のうち，
□ $a>0$ のものは ③
□ a の絶対値が等しいものは ④
□ a が最大のものは ⑤，最小のものは ⑥

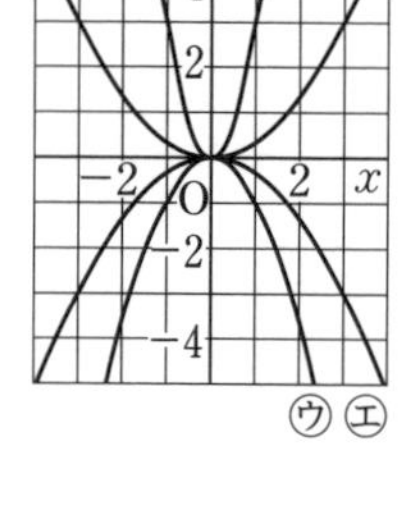

3
□ 関数 $y=2x^2$ で，x の変域が $-2 \leqq x \leqq 1$ のときの y の変域は ⑦ となる。
□ 関数 $y=3x^2$ で，x の値が1から3まで増加するときの変化の割合は ⑧

①＿＿＿＿
②＿＿＿＿
③＿＿＿＿
④＿＿＿＿
⑤＿＿＿＿
⑥＿＿＿＿
⑦＿＿＿＿
⑧＿＿＿＿

答 ① $-2x^2$　② -2　③㋐，㋑　④㋑，㋓　⑤㋐　⑥㋒　⑦ $0 \leqq y \leqq 8$　⑧12

基礎力UP テスト対策問題

1 関数 $y=ax^2$ 次の(1)，(2)の場合について，y を x の式で表しなさい。また，y が x の 2 乗に比例するものには○，そうでないものには×をつけなさい。

(1) 底辺が x cm，高さが 6 cm の三角形の面積を y cm^2 とする。

(2) 長さ x cm の針金を折り曲げてつくる正方形の面積を y cm^2 とする。

2 関数 $y=ax^2$ y は x の 2 乗に比例し，$x=-2$ のとき $y=-16$ です。次の問いに答えなさい。

(1) y を x の式で表しなさい。

(2) $x=3$ のときの y の値を求めなさい。

(3) $y=-64$ のときの x の値を求めなさい。

3 関数 $y=ax^2$ のグラフ 関数 $y=\frac{1}{3}x^2$ と $y=-\frac{1}{3}x^2$ のグラフを，右の図にかき入れなさい。

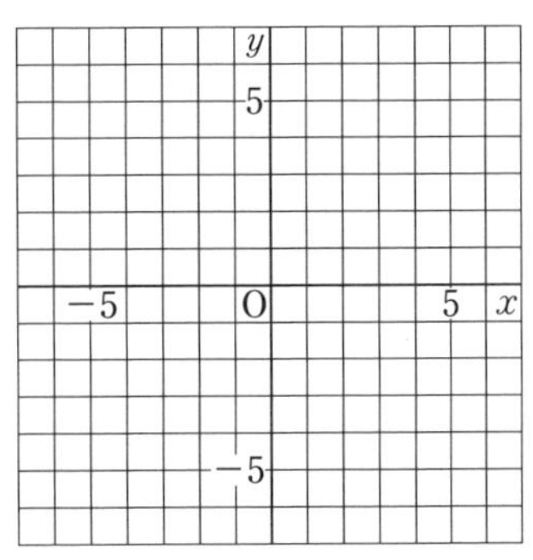

4 x の変域と y の変域 関数 $y=\frac{1}{2}x^2$ で，x の変域が次の(1)，(2)のときの y の変域を求めなさい。

(1) $-3 \leqq x \leqq -1$　　(2) $-2 \leqq x \leqq 4$

5 変化の割合 関数 $y=-3x^2$ で，x の値が次のように増加するときの変化の割合を求めなさい。

(1) 2 から 5 まで　　(2) -6 から -3 まで

テスト対策ナビ

ポイント
y が x の 2 乗に比例するとき，
$y=ax^2$

2 (1) $y=ax^2$ に $x=-2$, $y=-16$ を代入して，a の値を求める。

(2)(3) (1)で求めた式に x や y の値を代入する。

ポイント
関数 $y=ax^2$ のグラフは原点を頂点，y 軸を対称の軸とする放物線になる。

4 先にグラフをかいてから，y の値の最大値と最小値を求める。

絶対に覚える!
(変化の割合)
$=\dfrac{(y\text{ の増加量})}{(x\text{ の増加量})}$

テストに出る！

予想問題 4章 関数 $y=ax^2$ 1 関数 $y=ax^2$

20分

/19問中

1 関数 $y=ax^2$　次の関数について，表を完成させなさい。

(1) 関数 $y=\frac{1}{2}x^2$

x	-5		0	$\frac{1}{3}$	
y		2			$\frac{9}{2}$

(2) 関数 $y=-3x^2$

x		$-\frac{1}{4}$		2	
y	$-\frac{3}{4}$		0		-27

2 関数 $y=ax^2$ のグラフ　右の図の(1)〜(3)は，下の㋐〜㋒の関数のグラフを示したものです。(1)〜(3)はそれぞれどの関数のグラフか記号でかきなさい。

㋐ $y=x^2$　㋑ $y=\frac{1}{3}x^2$　㋒ $y=-\frac{1}{2}x^2$

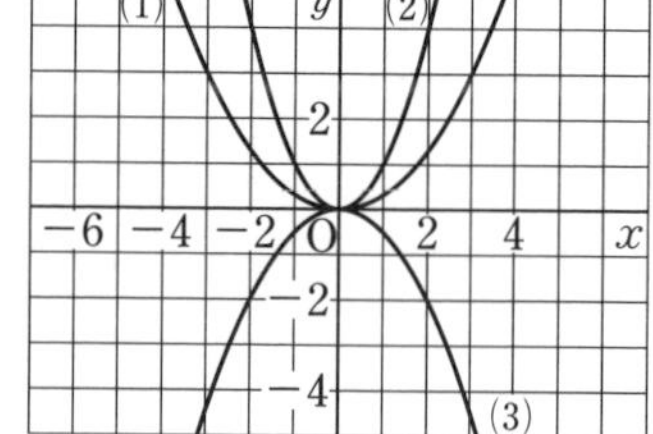

3 よく出る　x の変域と y の変域　関数 $y=3x^2$ で，x の変域が次の(1)，(2)のときの y の変域を求めなさい。

(1) $1 \leqq x \leqq 4$　(2) $-2 \leqq x \leqq 5$

4 よく出る　変化の割合　関数 $y=-\frac{1}{4}x^2$ で，x の値が次のように増加するときの変化の割合を求めなさい。

(1) 2 から 6 まで　(2) -8 から -4 まで

5 平均の速さ　ある斜面でボールを転がします。転がり始めてから x 秒間に進んだ距離を y m とすると，$y=0.4x^2$ の関係が成り立つとき，次の平均の速さを求めなさい。

(1) 2 秒後〜 3 秒後　(2) 4 秒後〜 5 秒後

1 y の値に対応する x の値が 2 つあるところは，どちらが適するかを考える。
3 $x=0$ が変域にふくまれるとき，y の最大値，最小値に注意する。

4章 関数 $y=ax^2$

1 関数 $y=ax^2$　2 いろいろな関数

テストに出る！ 教科書のココが要点

さらっとまとめ（赤シートを使って，□に入るものを考えよう。）

1 関数 $y=ax^2$ の利用 教 p.119～p.124

・身のまわりの問題を，関数 $y=ax^2$ の関係を利用して解決する。

2 いろいろな関数 教 p.126～p.128

・身のまわりからいろいろな関数を見つけ，変化や対応のようすを調べる。

例 紙を半分に折る操作をくり返すとき，折った回数 x 回と，重なっている紙の枚数 y 枚との関係 ｝ x の値を決めると，それに対応する y の値がただ［1つ］決まるから，y は x の［関数］である。

スピード確認（□に入るものを答えよう。答えは，下にあります。）

時速 x km で走っている自動車がブレーキをかけたとき，ブレーキがきき始めてから止まるまでに進む距離を y m とすると，y は x の 2 乗に比例する関数とみなすことができます。
ある自動車が時速 40 km で走っているとき，ブレーキがきき始めてから 12 m 進んで止まりました。

1
- □ $y=ax^2$ に $x=40$，$y=12$ を代入して，
  $12=1600a$ より，$y=$［①］x^2
- □ 時速 60 km で走っているときは，ブレーキがきき始めてから［②］m 進んで止まる。
- □ ブレーキがきき始めてから 48 m 進んで止まるのは，時速［③］km のときである。

x の値の小数点以下を切り下げた数値を y とし，x の変域を $0<x\leqq6$ としてグラフをかくと，右下の図のようになります。

2
- □ $x=3.2$ のとき，$y=$［④］
- □ $x=5$ のとき，$y=$［⑤］
- □ $y=4$ になるのは
  ［⑥］$\leqq x<$［⑦］
- □ $y=1$ になるのは 1［⑧］x［⑨］2

①＿＿＿＿
②＿＿＿＿
③＿＿＿＿
④＿＿＿＿
⑤＿＿＿＿
⑥＿＿＿＿
⑦＿＿＿＿
⑧＿＿＿＿
⑨＿＿＿＿

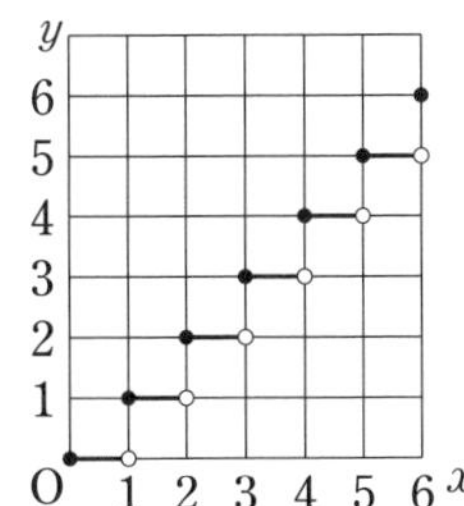

左のグラフの x と y の関係も関数といえるよ。

答 ①0.0075$\left(\frac{3}{400}\right)$　②27　③80　④3　⑤5　⑥4　⑦5　⑧≦　⑨＜

解答 p.8

基礎力UP テスト対策問題

1 図形の中に現れる関数　右の図のように，△ABC と長方形 EFGH が直線 ℓ 上で並んでいます。長方形を固定し，三角形を矢印の方向に辺 AB と辺 EF が重なるまで移動します。

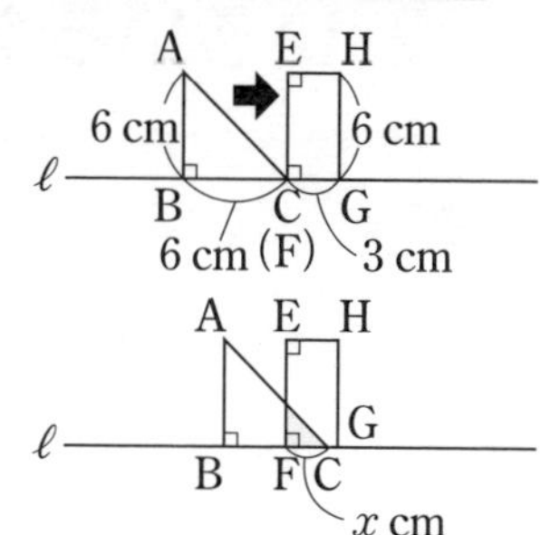

(1)　FC $= x$ cm のときの 2 つの図形が重なる部分の面積を y cm^2 とするとき，x と y の関係を式に表しなさい。

(2)　2 つの図形が重なってできる部分の面積が 9 cm^2 のとき，線分 FC の長さを求めなさい。

2 関数 $y=ax^2$ の利用　時速 x km で走っている自動車がブレーキをかけたとき，ブレーキがきき始めてから止まるまでに進む距離を y m とすると，$y=ax^2$ の関係があります。ある自動車は時速 30 km で走っているとき，ブレーキがきき始めてから 7.2 m 進んで止まりました。次の問いに答えなさい。

(1)　a の値を求めなさい。

(2)　時速 50 km で走っているとき，ブレーキがきき始めてから何 m進んで止まりますか。

(3)　ブレーキがきき始めてから 12.8 m で止まるのは，時速何 km のときですか。

3 関数 $y=ax^2$ の利用　振り子が 1 往復するのにかかる時間（周期）を x 秒，振り子のひもの長さを y m とすると，y は x の 2 乗に比例することが知られています。周期が 4 秒の振り子のひもの長さは 4 m であるとして，次の問いに答えなさい。

(1)　x と y の関係を式に表しなさい。

(2)　振り子のひもの長さが 9 m のとき，周期は何秒ですか。

(3)　周期を 8 秒にするには，振り子のひもの長さを何 m にすればよいですか。

テスト対策ナビ

1 (1)　x の変域を $0 \leqq x \leqq 3$ と $3 \leqq x \leqq 6$ に分けて考える。
(2)　(1)で求めた式に $y=9$ を代入して求める。

2 (1)　$y=ax^2$ に，$x=30$，$y=7.2$ を代入して a の値を求める。
(3)　$x \geqq 0$ であることに注意して答えを求める。

周期が x 秒で，振り子のひもの長さが y m。$y=ax^2$ で，$x=4$ のとき $y=4$ だね。

 解答 p.8

テストに出る！

予想問題 4章 関数 $y=ax^2$ 1 関数 $y=ax^2$ 2 いろいろな関数

20分 /8問中

1 関数 $y=ax^2$ の利用　関数 $y=\frac{1}{2}x^2$ のグラフ上に，x 座標がそれぞれ -2, 4 となる点 A，B をとり，A，B を通る直線と y 軸との交点をCとします。

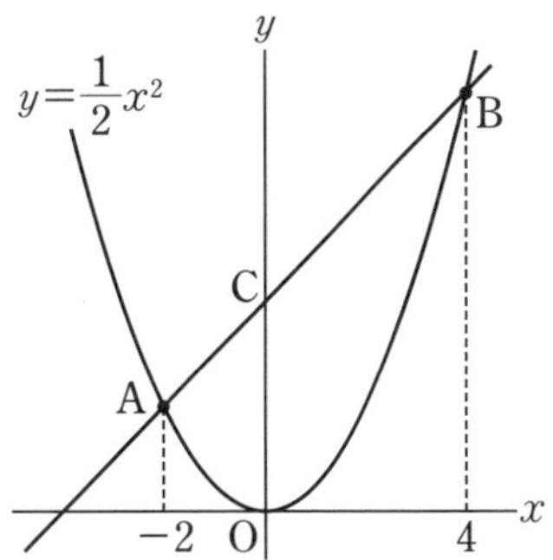

(1) 直線 AB の式を求めなさい。

(2) △OAB の面積を求めなさい。

2 よく出る 関数 $y=ax^2$ の利用　右の図のような1辺6 cmの正方形ABCDがあります。点Pは，Aを出発して辺AB上をBまで動きます。点Qは，点Pと同時に出発して周上をAからDを通ってCまで，Pの2倍の速さで動きます。線分 AP の長さが x cm のときの △APQ の面積を y cm^2 とします。

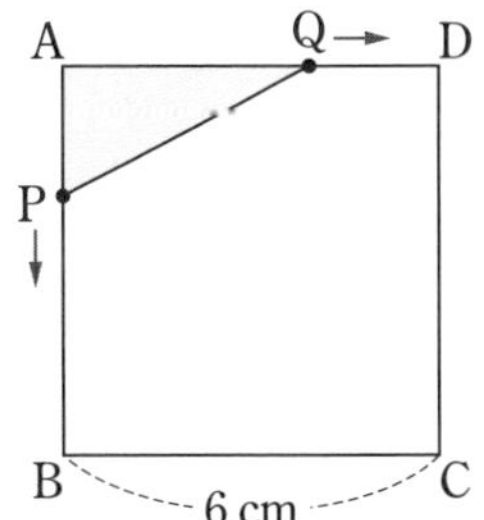

(1) $0 \leqq x \leqq 3$ のとき，y を x の式で表し，y の変域を求めなさい。

(2) $3 \leqq x \leqq 6$ のとき，y を x の式で表し，y の変域を求めなさい。

3 身のまわりの関数　ある鉄道会社では，距離によって，料金が下の表のように決まっています。

距離	料金
3 km まで	180 円
5 km まで	210 円
7 km まで	240 円

(1) 距離を x km，料金を y 円として，グラフを右の図にかき入れなさい。

(2) この鉄道で 6.9 km の区間を進んだときの料金を求めなさい。

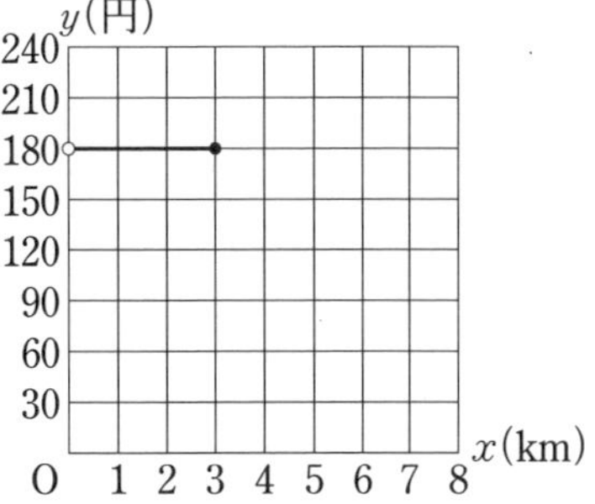

1 (2) 面積について，△OAB＝△OAC＋△OBC であることに注目する。
2 線分 AP を底辺としたときの △APQ の高さに注目する。

テストに出る！

章末予想問題　4章　関数 $y=ax^2$

⏱30分　/100点

1 yはxの2乗に比例し，$x=3$ のとき $y=6$ です。　4点×5〔20点〕

(1) yをxの式で表しなさい。

(2) $x=6$ のときのyの値を求めなさい。

(3) $y=54$ のときのxの値を求めなさい。

(4) この関数について，xの値が -6 から -3 まで増加するときの変化の割合を求めなさい。

(5) この関数をグラフにしたとき，x軸について対称な関数のグラフの式を答えなさい。

2 右の図の2つの曲線は，どちらもyがxの2乗に比例する関数のグラフです。　10点×3〔30点〕

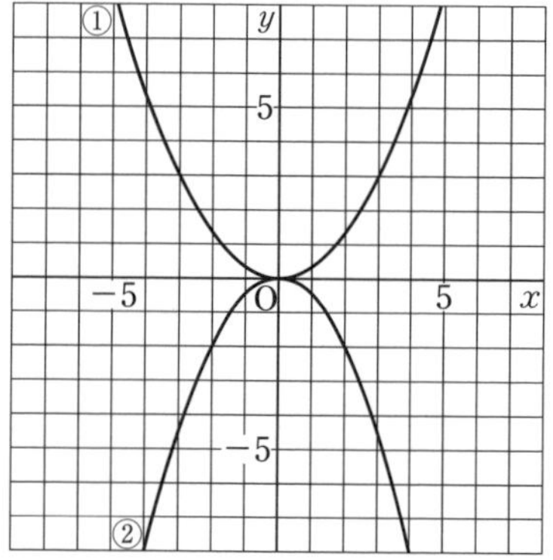

(1) ①，②の関数のグラフの式をそれぞれ求めなさい。

(2) ①の関数のグラフは，点$(6,\ b)$，$(c,\ 27)$を通ります。b，cの値を求めなさい。

(3) ②の関数について，xの変域が $-6\leqq x\leqq 8$ のときのyの変域を求めなさい。

3 関数 $y=ax^2$ について，次の場合のaの値を求めなさい。　10点×2〔20点〕

(1) xの変域が $-4\leqq x\leqq 2$ のとき，yの変域が $0\leqq y\leqq 8$

(2) xの値が2から5まで増加するときの変化の割合が14

解答 p.9

満点ゲット作戦

関数 $y=ax^2$ で，x の変域から y の変域を求めるときは，まず，グラフをかいてから考えるようにしよう。

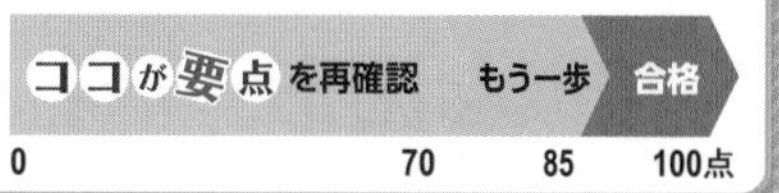

4 差がつく 右の図で，点Aは x 軸上の点で x 座標は 4 です。点Bは関数 $y=ax^2$ のグラフ ……① 上の点，点C，Dは関数 $y=-\frac{1}{4}x^2$ のグラフ ……② 上の点で，点Bと点Cの x 座標は等しくなっています。四角形 ABCD が平行四辺形で，面積が 24 のとき，次の問いに答えなさい。

10 点×2〔20 点〕

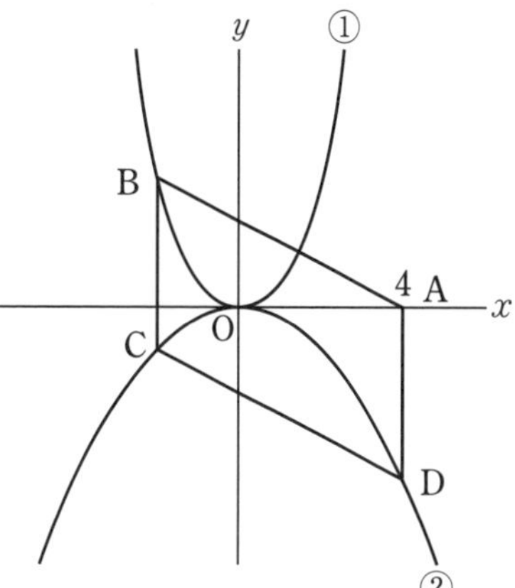

(1) BC の長さを求めなさい。

(2) a の値を求めなさい。

5 差がつく 運送会社 A，B では，送る荷物の重さによって，料金が決まっています。運送会社Aでは，10 kg までの料金が 3000 円で，その後 1 kg ごとに 300 円ずつ高くなります。運送会社Bでは 11 kg までの料金が 2800 円で，その後 1 kg ごとに 400 円ずつ高くなります。重さが 14.5 kg の荷物を送るとき，A，B どちらの運送会社の料金の方が安いですか。

〔10 点〕

1	(1)	(2)	(3)
	(4)	(5)	
2	(1) ①	②	
	(2) $b=$　$c=$	(3)	
3	(1)	(2)	
4	(1)	(2)	
5			

1 /20点	2 /30点	3 /20点	4 /20点	5 /10点

5章 相似な図形

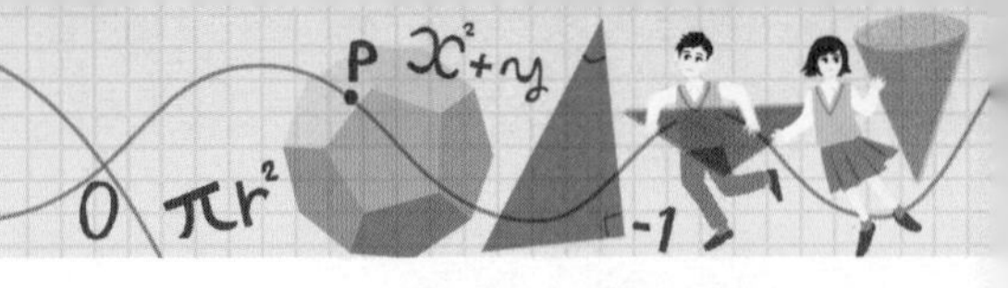

1 相似な図形

テストに出る！ 教科書のココが要点

さらっとまとめ（赤シートを使って，□に入るものを考えよう。）

1 相似な図形 教 p.140〜p.141

・拡大図，縮図の関係になっている 2 つの図形は [相似] であるという。

2 相似な図形の性質 教 p.142〜p.145

・相似な図形では，対応する線分の長さの [比] はすべて等しく，対応する [角] の大きさはそれぞれ等しい。また，対応する線分の長さの比を [相似比] という。

3 三角形の相似条件 教 p.146〜p.150

・[3 組の辺] の比がすべて等しい。・[2 組の辺] の比とその間の [角] がそれぞれ等しい。

・[2 組の角] がそれぞれ等しい。　★三角形の相似条件はすべて覚えよう。

4 相似の利用 教 p.151〜p.154

・直接には測定できない距離や高さは，[縮図] を利用して求めることができる。

スピード確認（□に入るものを答えよう。答えは，下にあります。）

1

□ 図 1 で，△ABC と △PQR が相似であるとき，記号を使って，△ABC [①] △PQR と表せる。

図 1

A, B, C, 8 cm, 54°, P, Q, R, 12 cm

2

□ 図 1 で，△ABC と △PQR が相似であるとき，その相似比は [②]：3，∠Q＝[③]° である。

3

□ 図 2 で，$a：a'＝b：$[④]$＝c：c'$ のとき，[⑤] の比がすべて等しいから，△ABC∽[⑥]

図 2

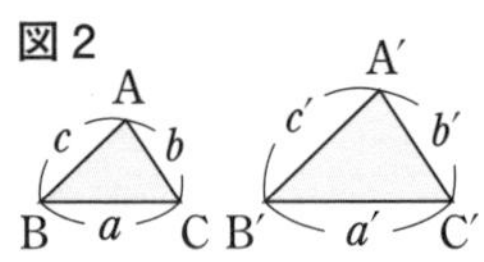

□ 図 3 で，$a：a'＝c：c'$，∠B＝[⑦] のとき，[⑧] の比とその間の [⑨] がそれぞれ等しいから，△ABC∽△A′B′C′

図 3

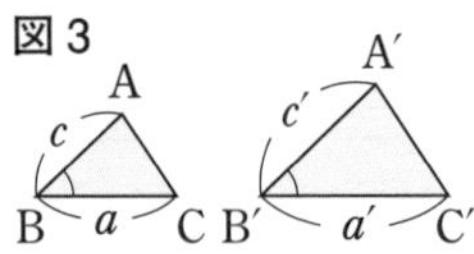

□ 図 4 で，∠B＝∠B′，∠C＝[⑩] のとき，[⑪] がそれぞれ等しいから，△ABC∽△A′B′C′

図 4

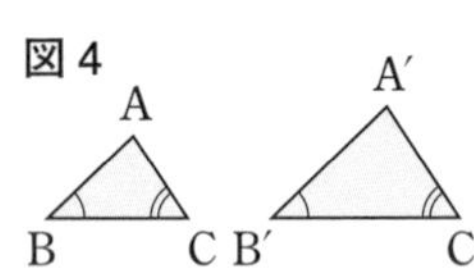

4

□ 高さ 1 m の棒の影の長さが 1.5 m のとき，棒のすぐそばにある高さ 8 m の木の影の長さは [⑫] m

①＿＿＿＿
②＿＿＿＿
③＿＿＿＿
④＿＿＿＿
⑤＿＿＿＿
⑥＿＿＿＿
⑦＿＿＿＿
⑧＿＿＿＿
⑨＿＿＿＿
⑩＿＿＿＿
⑪＿＿＿＿
⑫＿＿＿＿

答　①∽　②2　③54　④b'　⑤3 組の辺　⑥△A′B′C′　⑦∠B′　⑧2 組の辺　⑨角　⑩∠C′　⑪2 組の角　⑫12

解答 p.9

基礎力UP テスト対策問題

1 相似な図形の性質　右の図で，
四角形 ABCD∽四角形 EFGH です。

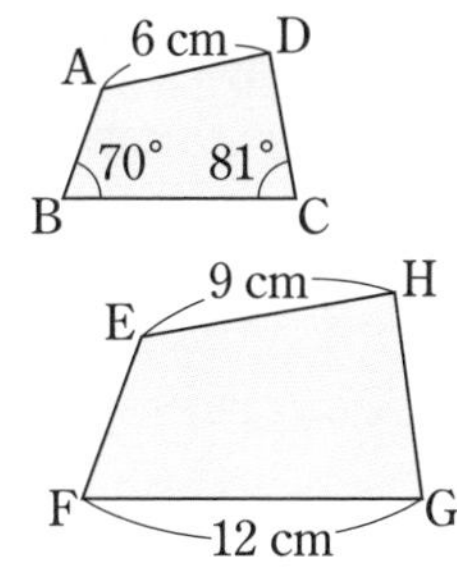
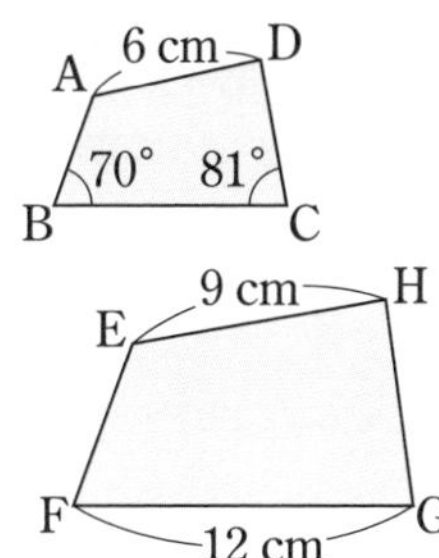

(1) 四角形 ABCD と四角形 EFGH の相似比を求めなさい。

(2) 辺 BC の長さを求めなさい。

(3) ∠F の大きさを求めなさい。

2 三角形の相似条件　右の図について，次の問いに答えなさい。

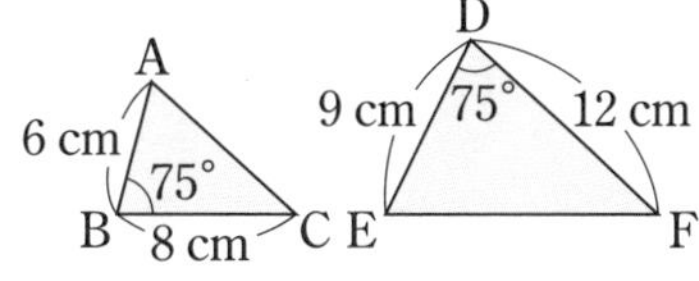

(1) 相似な三角形を記号∽を使って表しなさい。

(2) (1)のときの相似条件をいいなさい。

3 三角形の相似条件　右の図の △ABC で，D は辺 AB 上，E は辺 AC 上の点で，∠ABC＝∠AED です。

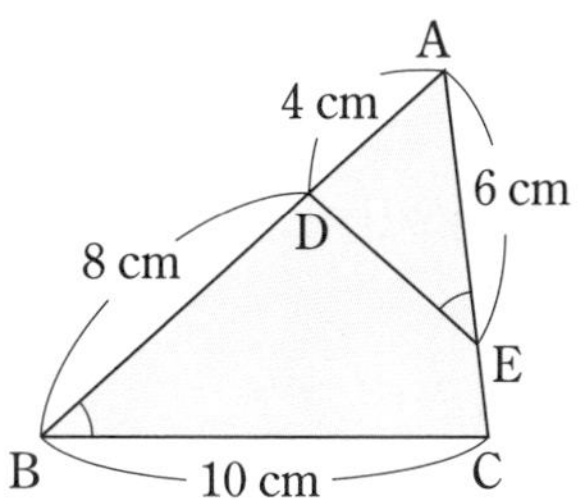

(1) △ABC∽△AED となることを証明しなさい。

(2) 線分 DE の長さを求めなさい。

4 相似の利用　右の図 2 は，図 1 で示された 3 地点 A，B，C について，$\frac{1}{500}$ の縮図をかいたものであり，縮図における A′B′ の長さを測ると 7 cm でした。実際の 2 地点 A，B 間の距離は何 m か求めなさい。

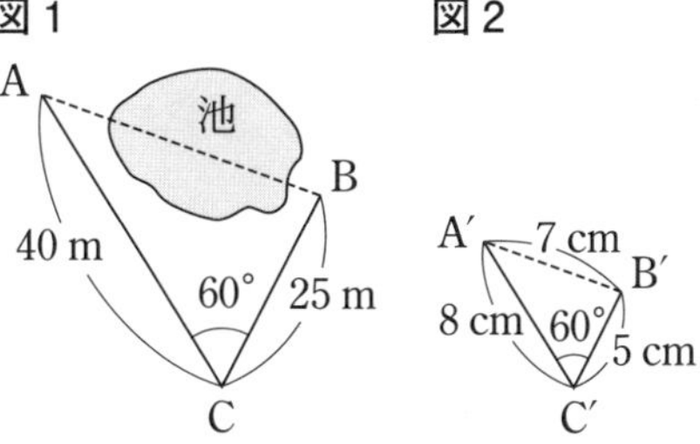

テスト対策ナビ

ポイント
相似比はもっとも簡単な整数の比で表す。

思い出そう！
$a : b = c : d$ ならば，$ad = bc$

絶対に覚える！
三角形の相似条件
1 3 組の辺の比がすべて等しい。
2 2 組の辺の比とその間の角がそれぞれ等しい。
3 2 組の角がそれぞれ等しい。

4 図 2 は $\frac{1}{500}$ の縮図だから，実際の A，B 間の距離は A′B′ の長さの 500 倍になる。また，cm を m に直さなければならないことにも注意する。

テストに出る！

予想問題 ❶

5章 相似な図形
1 相似な図形

20分　/11問中

1 相似の位置　次のような四角形を，下の図にかき入れなさい。

(1) 点Oを相似の中心として，四角形ABCDを2倍に拡大した四角形EFGH

(2) 点Oを相似の中心として，四角形ABCDを$\frac{1}{2}$に縮小した四角形IJKL

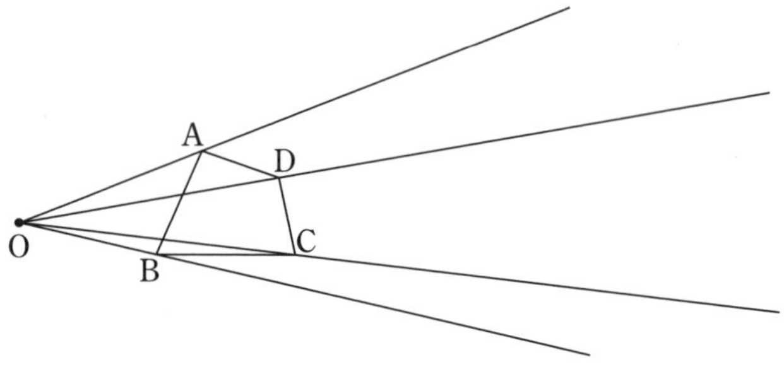

2 相似な図形の性質　次の各組の図形で，つねに相似であるといえるのはどれですか。記号で答えなさい。

㋐　2つの正方形　　㋑　2つの長方形　　㋒　2つの直角二等辺三角形

3 よく出る　相似な図形と相似比　右の図で，△ABC∽△DEF であるとき，次の問いに答えなさい。

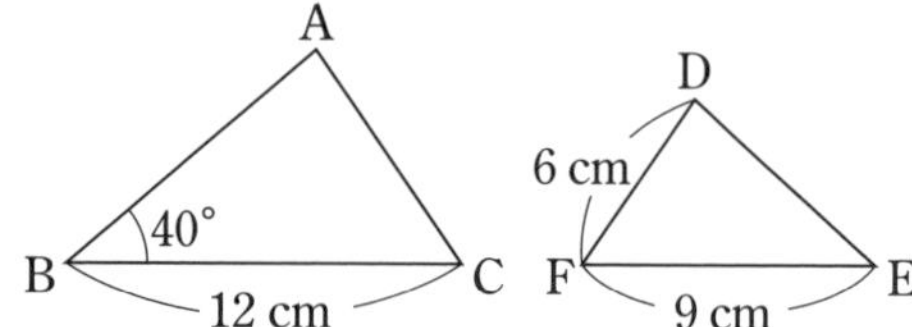

(1) △ABC と △DEF の相似比を求めなさい。

(2) 辺ACの長さを求めなさい。

4 三角形の相似条件　次の図の㋐～㋗から，相似な三角形の組（3つあります）を選びなさい。また，そのときに使った相似条件をいいなさい。

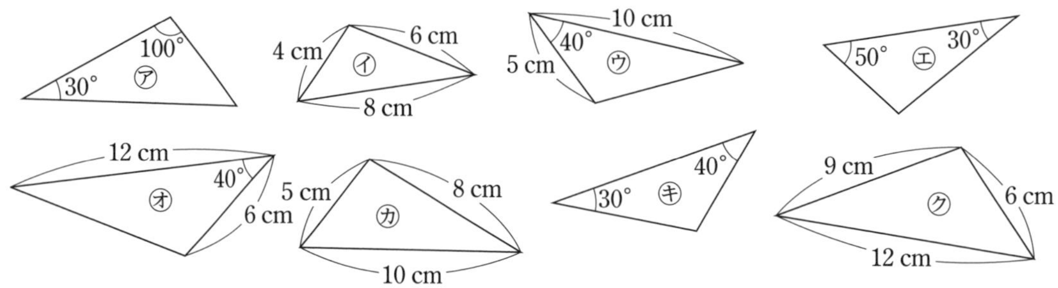

1 (1) 例えば点Aに対応する点Eは，OE＝2OA となる点である。

 解答 p.9

テストに出る！

予想問題 ❷ 5章 相似な図形 1 相似な図形

20分 /13問中

1 よく出る 三角形の相似条件 次の図で，相似な三角形を記号∽を使って表しなさい。また，そのときの相似条件をいいなさい。

(1)

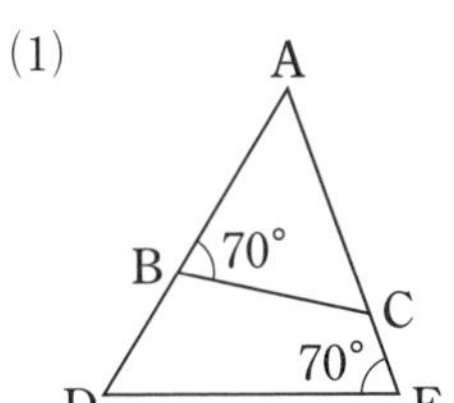

(2)

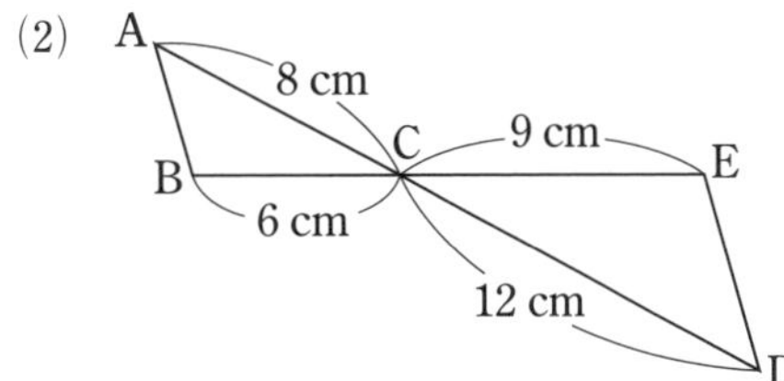

2 相似条件の利用 右の図の△ABCで，Dは辺AC上，Eは辺AB上の点で，∠BDC＝∠BEC，AE＝BEです。

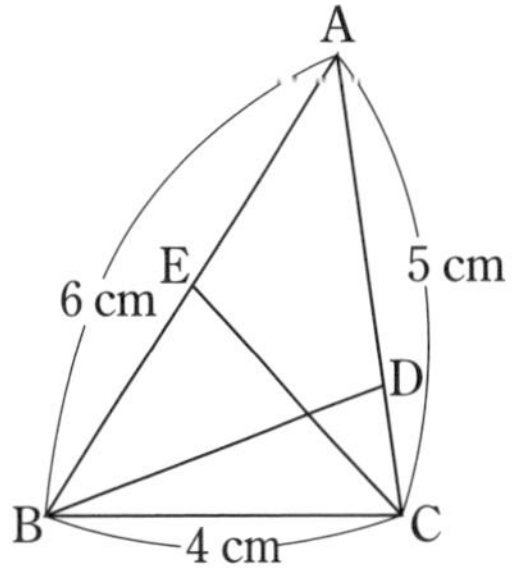

(1) △ABD∽△ACE となることを証明しなさい。

(2) 線分ADの長さを求めなさい。

3 相似の利用 木から20 m離れた地点Pから木の先端Aを見上げたところ，その角度は30°でした。目の高さを1.5 mとして縮図を利用し，木の高さを求めなさい。

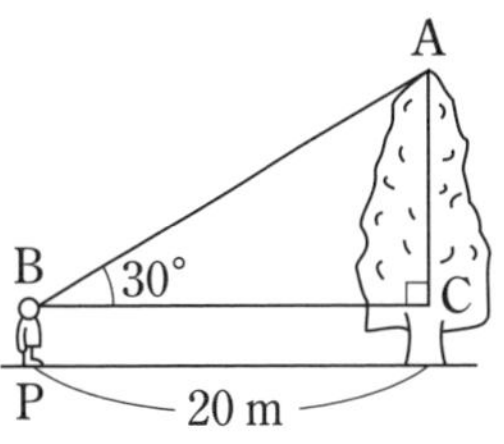

4 誤差と有効数字 次の値を有効数字が3桁の近似値とするとき，有効数字がはっきりわかる形で表しなさい。また，誤差の絶対値はいくら以下と考えられますか。

(1) 25600 m (2) 0.181 g (3) 8010 km

2 (1) ∠BDC＝∠BEC より，∠ADB＝∠AEC となる。

3 ノートに縮図をかき，ACにあたる長さを測り，それを利用して木の高さを求める。

2 平行線と相似

テストに出る！ 教科書のココが要点

さらっとまとめ（赤シートを使って，□に入るものを考えよう。）

1 平行線と線分の比 教 p.157〜p.161

・図1で，PQ∥BC ならば，

AP：AB＝[AQ]：AC＝[PQ]：BC

AP：PB＝AQ：[QC]

・図2で，ℓ∥m∥n ならば，

a：b＝[a']：b'

図1

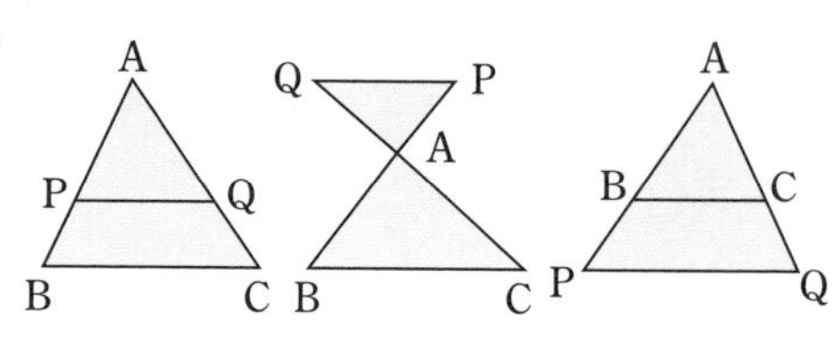

図2

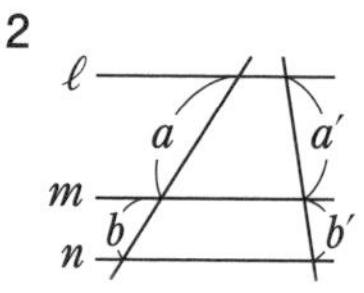

2 線分の比と平行線 教 p.162〜p.166

・図1で，AP：AB＝AQ：AC または

AP：PB＝AQ：QC ならば，PQ∥[BC]

・中点連結定理

図3で △ABC の辺 AB，AC の中点をそれぞれ M，N とするとき，

MN[∥]BC，MN＝[$\frac{1}{2}$]BC

図3

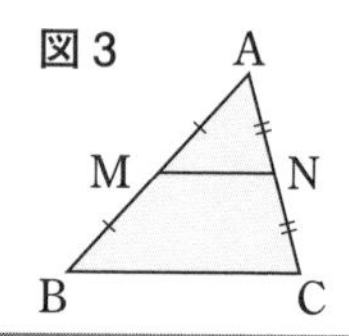

スピード確認（□に入るものを答えよう。答えは，下にあります。）

1

□ 図1で，5：15＝x：[①] より，

x＝[②]

□ 図1で，5：[③]＝y：18 より，

y＝[④]

□ 図2で，8：x＝[⑤]：9 より，

x＝[⑥]

□ 図3で，ℓ∥m∥n のとき，

10：[⑦]＝x：4 より，x＝[⑧]

2

□ 右の図で，点 M，N がそれぞれ辺 AB，AC の中点であるとき，[⑨]定理より，

MN[⑩]BC，MN＝$\frac{1}{2}$BC＝[⑪](cm)

図1 (PQ//BC)
A, 5 cm, x cm, Q, 24 cm, 15 cm, P, y cm, B, 18 cm, C

図2 (PQ//BC)
A, 8 cm, 6 cm, P, Q, x cm, 9 cm, B, C

図3
ℓ, 10 cm, x cm, 5 cm, m, n, 4 cm

A, M, N, B, 14 cm, C

①
②
③
④
⑤
⑥
⑦
⑧
⑨
⑩
⑪

答 ①24 ②8 ③15 ④6 ⑤6 ⑥12 ⑦5 ⑧8 ⑨中点連結 ⑩∥ ⑪7

解答 p.10

基礎力UP テスト対策問題

1 平行線と線分の比　次の図で，PQ∥BC のとき，x，y の値を求めなさい。

(1)

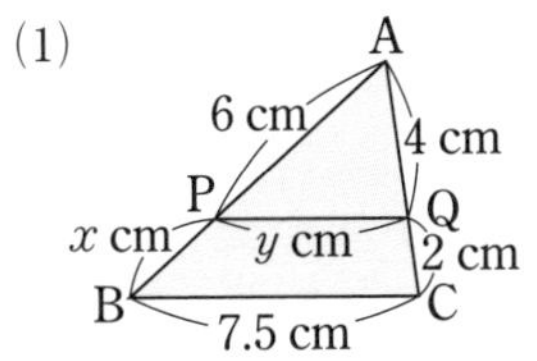

(2)

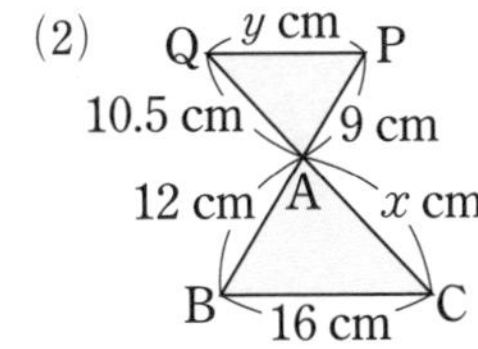

2 平行線と線分の比　次の図で，ℓ∥m∥n のとき，x の値を求めなさい。

(1)

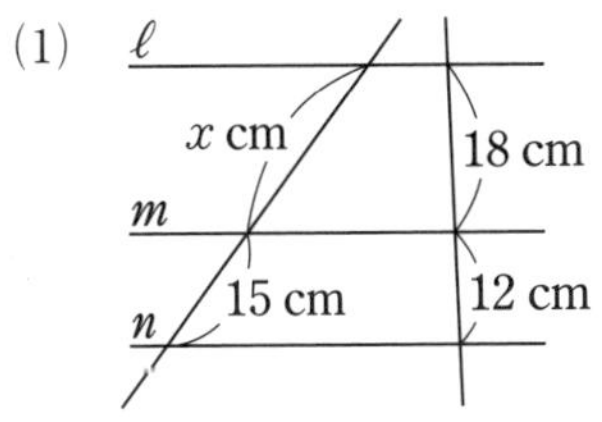

(2)

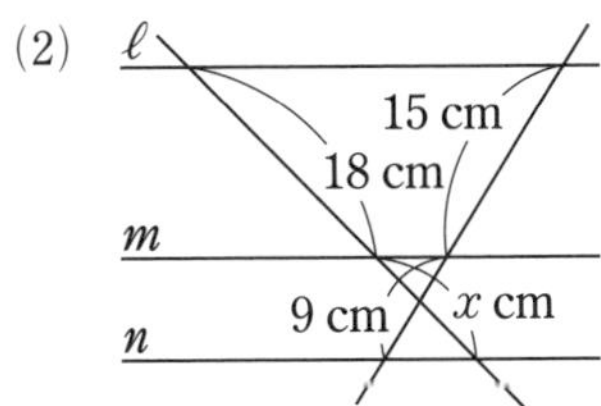

3 線分の比と平行線　右の図で，線分 PQ，QR，RP のうち，△ABC の辺に平行なものはどれですか。

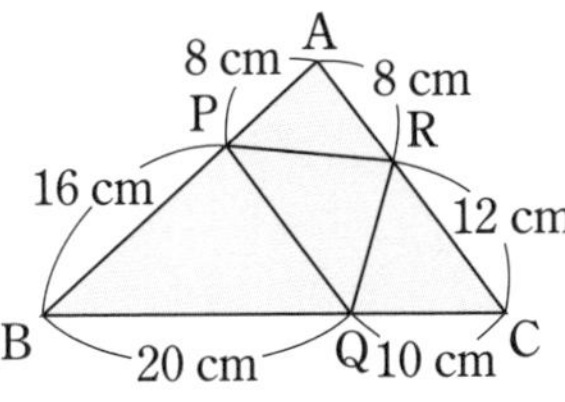

4 中点連結定理　右の図で，点 D，E，F はそれぞれ △ABC の辺 AB，BC，CA の中点です。△DEF の周の長さを求めなさい。

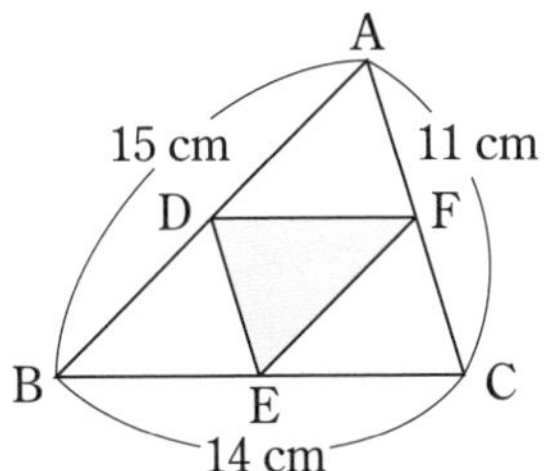

5 中点連結定理　右の図のような，2 つの三角形 ABC，ADC を，辺 AC で重ね合わせた図形があります。辺 AB，BC，CD，DA の中点をそれぞれ P，Q，R，S とするとき，四角形 PQRS は平行四辺形になります。このことを証明しなさい。

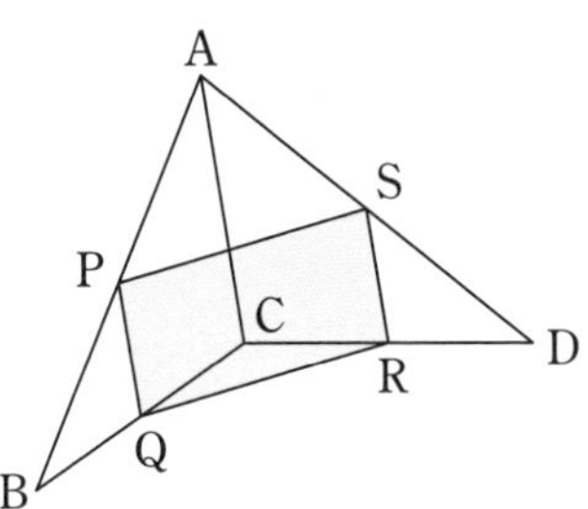

テスト対策ナビ

思い出そう！

$a:b=c:d$
ならば，$ad=bc$

絶対に覚える！

■平行線と線分の比
$a:b=c:d$
$a:e=c:f$

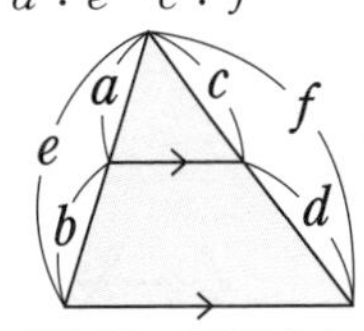

■平行線で区切られた線分の比
$a:b=a':b'$

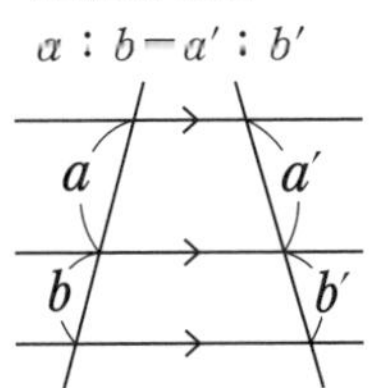

4 中点連結定理を使って，DE，EF，FD の長さを求める。

思い出そう！

平行四辺形になるための条件

1 2 組の対辺がそれぞれ平行である。
2 2 組の対辺がそれぞれ等しい。
3 2 組の対角がそれぞれ等しい。
4 2 つの対角線がそれぞれの中点で交わる。
5 1 組の対辺が平行で等しい。

テストに出る！

予想問題　5章 相似な図形　2 平行線と相似

20分　/11問中

1 よく出る　平行線と線分の比　次の図で，PQ∥BC のとき，x，y の値を求めなさい。

(1)

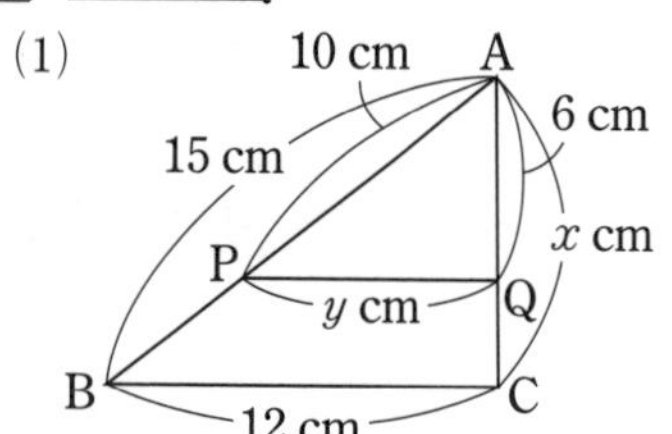

(2)

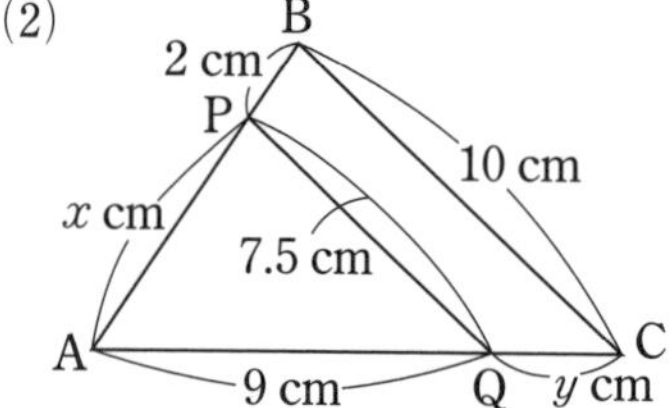

2 平行線と線分の比　次の図で，ℓ∥m∥n のとき，x の値を求めなさい。

(1)

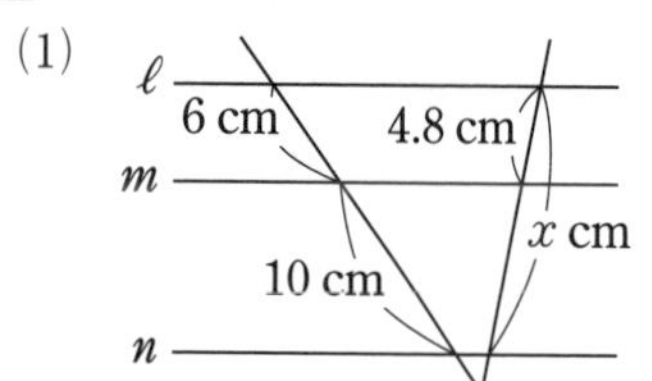

(2)

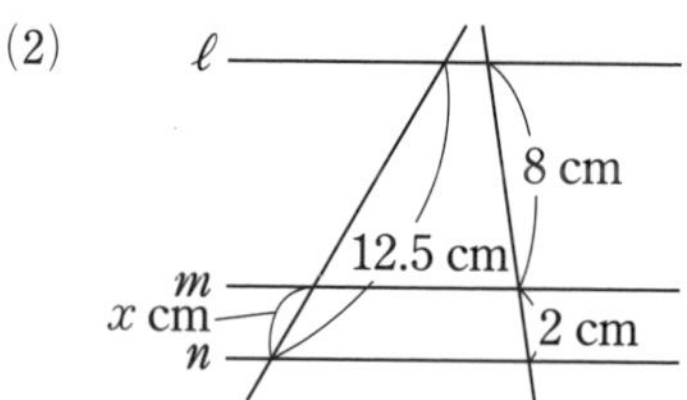

3 平行線と線分の比　右の図で，AB∥PQ∥CD です。

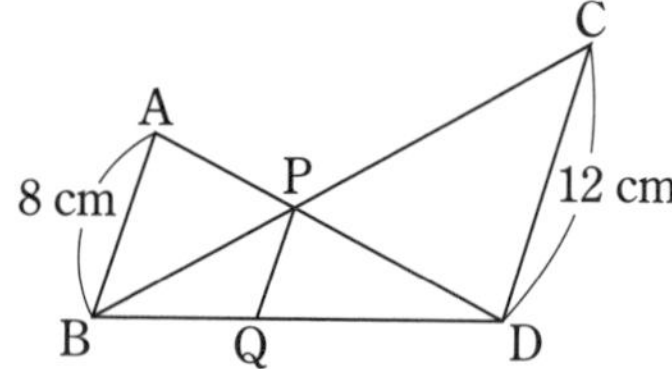

(1) BP：PC を求めなさい。

(2) 線分 PQ の長さを求めなさい。

4 中点連結定理　右の図で，AD∥BC であり，M，O はそれぞれ辺 AB，線分 DB の中点，点Nは直線 MO と辺 DC との交点です。

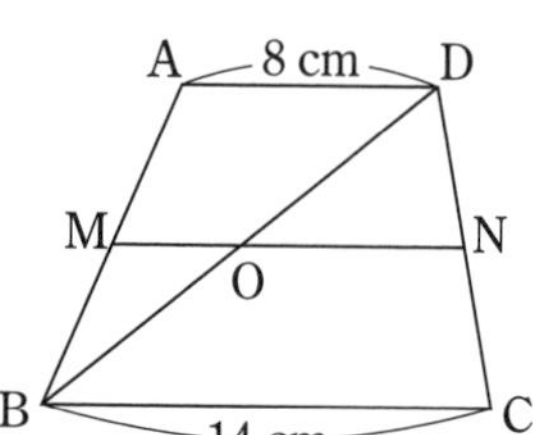

(1) 線分 MO の長さを求めなさい。

(2) 線分 MN の長さを求めなさい。

5 中点連結定理　右の図のように，四角形 ABCD の辺 BC，AD，および対角線 BD，AC の中点をそれぞれ E，F，G，H とするとき，四角形 FGEH は平行四辺形になります。このことを証明しなさい。

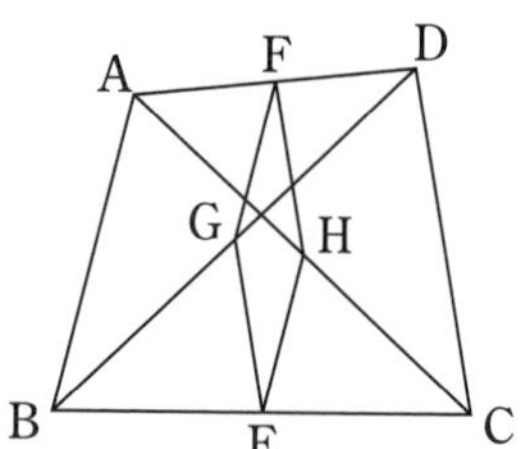

3 (1) BP：PC＝AB：CD から求める。
4 (2) MO∥AD，AD∥BC より，MO∥BC となることを利用する。

3 相似と計量

テストに出る! 教科書のココが要点

さらっとまとめ（赤シートを使って，□に入るものを考えよう。）

1 相似な図形の面積比 教 p.168～p.170

相似な図形の面積比は，相似比の［2 乗］に等しい。

相似比が $m:n$ ならば，面積比は［$m^2:n^2$］となる。

2 相似な立体の表面積比と体積比 教 p.171～p.173

・1 つの立体を一定の割合で拡大または縮小して得られる立体は，もとの立体と［相似］である。

・相似な立体では，対応する線分の長さの比はすべて等しく，この比を［相似比］という。

・相似な 2 つの立体において，相似比が $m:n$ ならば，

表面積比は，［$m^2:n^2$］ ★相似比の 2 乗に等しい。

体積比は，［$m^3:n^3$］ ★相似比の 3 乗に等しい。

スピード確認（□に入るものを答えよう。答えは，下にあります。）

1

□ 図 1 で，△ABC∽△PQR であり，相似比は，15：25＝［①］：［②］である。よって，△ABC と △PQR の周の長さの比は，［③］：［④］である。

□ 図 1 で，△ABC と △PQR の面積比は，［⑤］：［⑥］である。

図 1

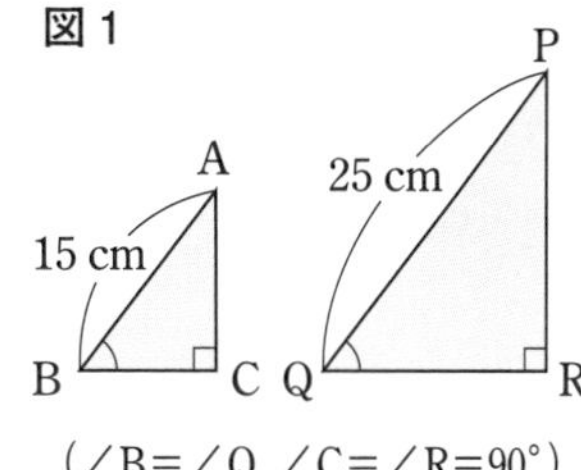

（∠B＝∠Q, ∠C＝∠R＝90°）

2

□ 図 2 の 2 つの立方体 P と Q は相似であり，相似比は，8：10＝［⑦］：［⑧］である。

□ 図 2 の 2 つの立方体 P と Q の表面積比は，［⑨］：［⑩］である。

□ 図 2 の 2 つの立方体 P と Q の体積比は，［⑪］：［⑫］である。

図 2

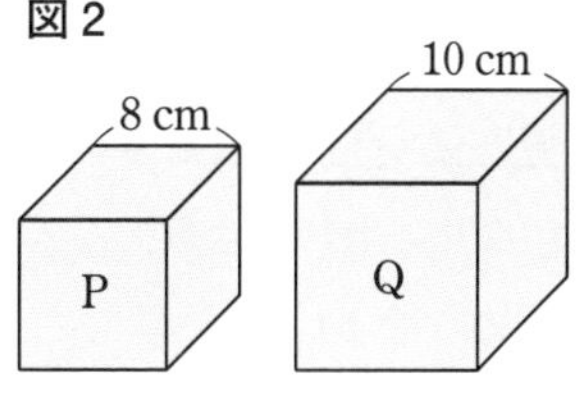

①

②

③

④

⑤

⑥

⑦

⑧

⑨

⑩

⑪

⑫

答 ①3 ②5 ③3 ④5 ⑤9 ⑥25 ⑦4 ⑧5 ⑨16 ⑩25 ⑪64 ⑫125

解答 p.10

基礎力UP テスト対策問題

1 相似な図形の面積比　2つの円P，Qの半径が，それぞれ12 cm，9 cmのとき，次の問いに答えなさい。

(1) 円Pと円Qの円周の長さの比を求めなさい。

(2) 円Pと円Qの面積比を求めなさい。

2 相似な図形の面積比　右の図の四角形ABCDは，AD∥BCの台形です。△ODA＝16 cm^2，△OBC＝25 cm^2 のとき，次の問いに答えなさい。

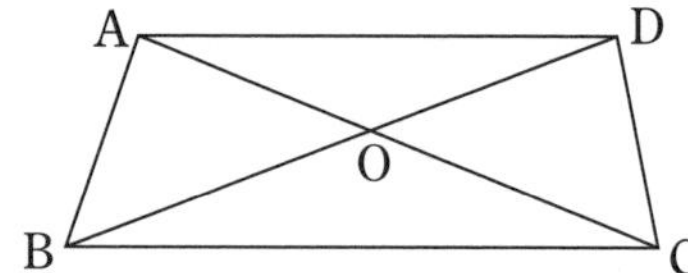

(1) AD：BCを求めなさい。

(2) 台形ABCDの面積を求めなさい。

3 相似な立体の表面積比と体積比　半径が3 cmの球Oと半径が4 cmの球Pについて，次の問いに答えなさい。

(1) 球Oと球Pの表面積比を求めなさい。

(2) 球Oと球Pの体積比を求めなさい。

4 相似な立体の表面積比と体積比

右の図で，直方体Pと直方体Qは相似です。

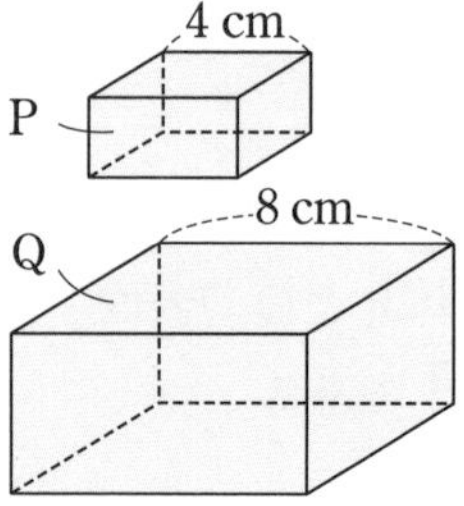

(1) 直方体Qの表面積が208 cm^2 のとき，直方体Pの表面積を求めなさい。

(2) 直方体Pの体積が48 cm^3 のとき，直方体Qの体積を求めなさい。

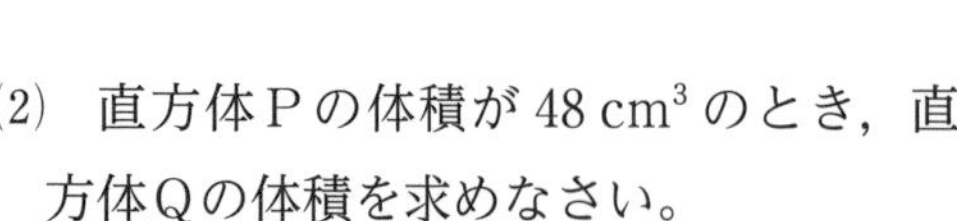

テスト対策ナビ

1 半径がどんな値であっても，2つの円は相似である。

周の長さの比は相似比と同じだね。

2 面積比が $m^2:n^2$ のとき，相似比は $m:n$ であることを利用する。

思い出そう！
「表面積」とは，立体の表面全体の面積のことである。

3 半径がどんな値であっても，2つの球は相似である。

絶対に覚える！
2つの立体の相似比が $m:n$ のとき，
表面積比…$m^2:n^2$
体積比…$m^3:n^3$

ポイント
相似比と一方の面積や体積だけが与えられたとき，他方の面積や体積を求める問題はよく出題される。求める面積や体積を文字でおき，比例式をつくる。

テストに出る！

予想問題　5章 相似な図形　3 相似と計量

🕓20分　／9問中

1 相似な図形の面積比　右の図で，△ABC∽△DEF です。

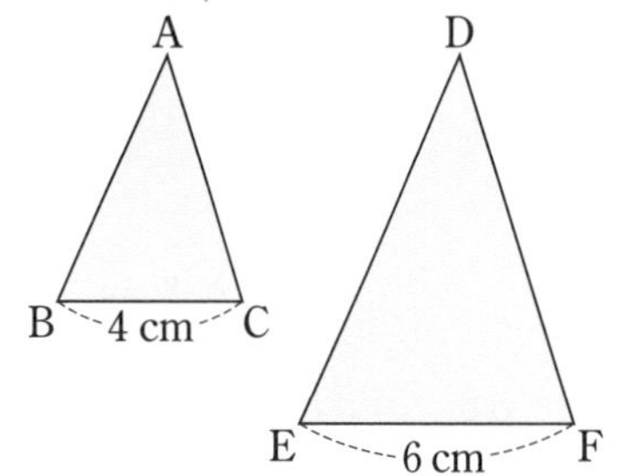

(1)　△ABC の周の長さが 14 cm のとき，△DEF の周の長さを求めなさい。

(2)　△DEF の面積が 27 cm^2 のとき，△ABC の面積を求めなさい。

2 相似な図形の面積比　右の図で，点 P，Q は △ABC の辺 AB を 3 等分する点で，それらを通る線分は，いずれも辺 BC に平行です。

(1)　△APR の面積が 27 cm^2 のとき，△ABC の面積を求めなさい。

(2)　△ABC の面積が 144 cm^2 のとき，△AQS の面積を求めなさい。

(3)　四角形 PQSR の面積が 78 cm^2 のとき，四角形 QBCS の面積を求めなさい。

3 よく出る　相似な立体の表面積比と体積比　相似な 2 つの三角柱 P，Q があり，その表面積比は 9：16 です。

(1)　三角柱 P と三角柱 Q の相似比を求めなさい。

(2)　三角柱 P の体積が 135 cm^3 のとき，三角柱 Q の体積を求めなさい。

4 相似な立体の体積比　右の図のような，深さが 20 cm の円錐の形の容器に 320 cm^3 の水を入れたら，水の深さは 16 cm になりました。

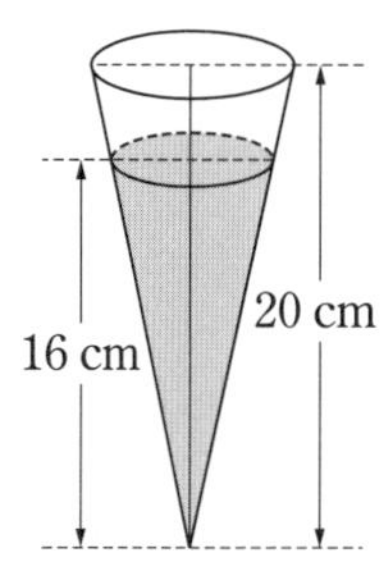

(1)　水の体積は，容器の容積の何倍ですか。

(2)　この容器をいっぱいにするには，あと何 cm^3 の水が必要ですか。

2 △APR と △AQS と △ABC の相似比は，1：2：3

4 (2)　(1)より，水の体積の $\frac{125}{64}$ 倍が容器の容積である。

テストに出る！

章末予想問題 5章 相似な図形

30分

/100点

1 次の図で，△ABC と相似な三角形を記号∽を使って表し，そのときの相似条件をいいなさい。また x の値を求めなさい。 10点×3〔30点〕

(1)

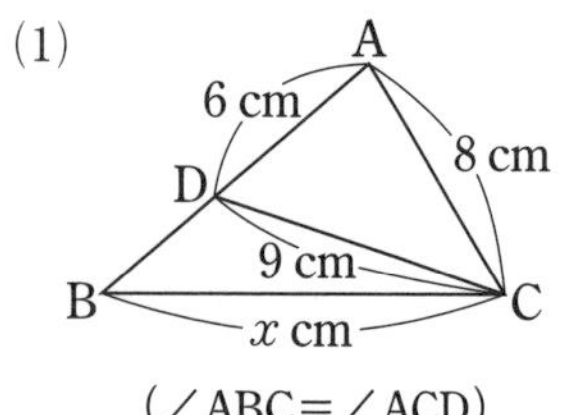

(∠ABC＝∠ACD)

(2)

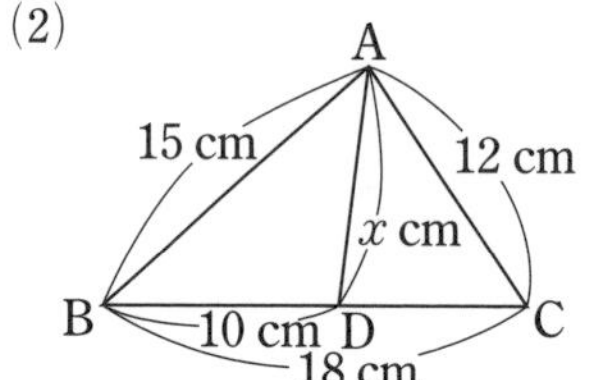

(3)

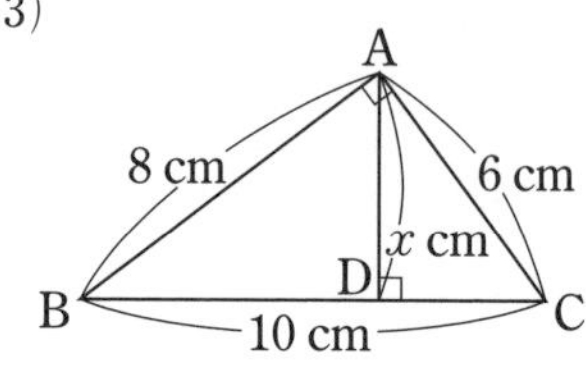

2 差がつく 右の図のように，長方形の紙 ABCD を，点B が辺 AD 上にくるように折り返し，その点をQとします。折り目の線分を PC とするとき，△APQ∽△DQC であることを証明しなさい。 〔10点〕

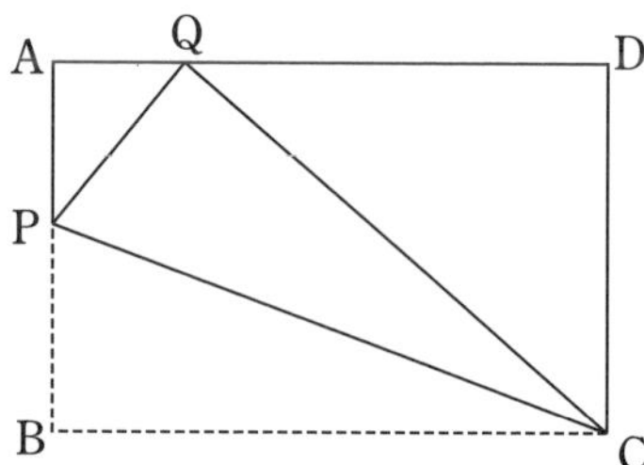

3 右の図の △ABC で，D，E は辺 AB を 3 等分した点，F は辺 AC の中点です。また，G は辺 BC と線分 DF の延長の交点です。DF＝3 cm のとき，線分 FG の長さを求めなさい。 〔10点〕

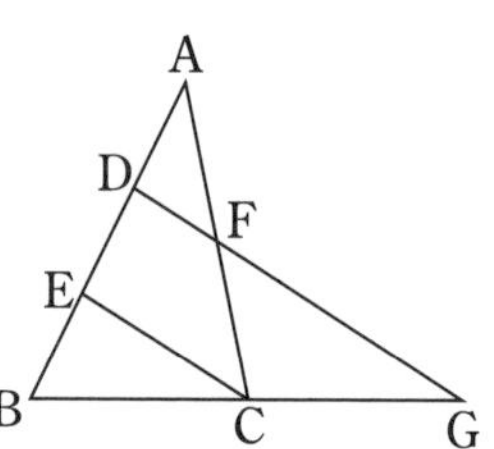

4 次の図で，AD∥BC∥EF とするとき，x，y の値を求めなさい。 10点×2〔20点〕

(1)

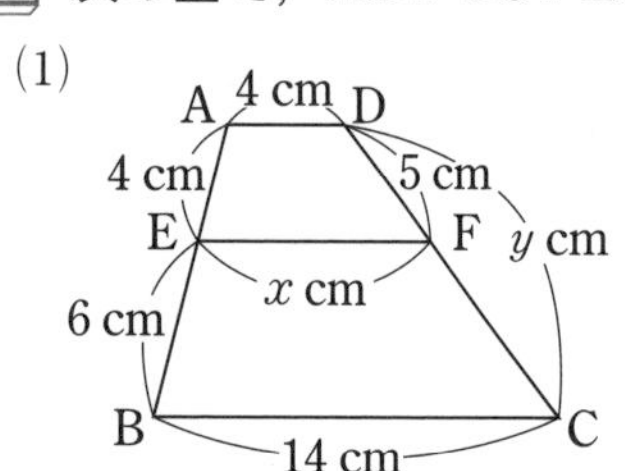

(2)

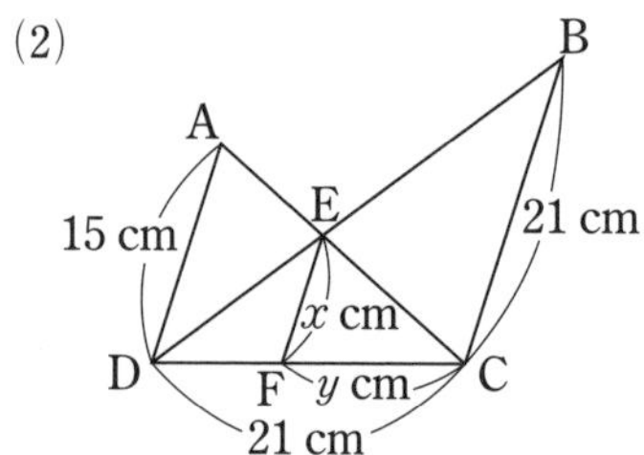

解答 p.11

満点ゲット作戦

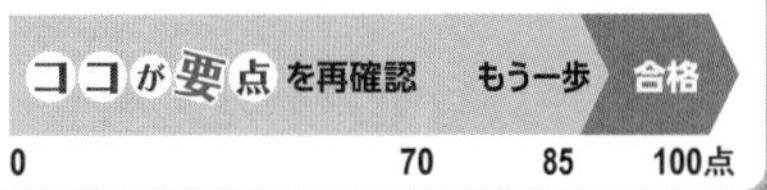

長さを求める問題で，三角形の相似や平行線と線分の比を使うとき，対応する線分をまちがえないようにしよう。

ココが要点を再確認　もう一歩　合格
0　70　85　100点

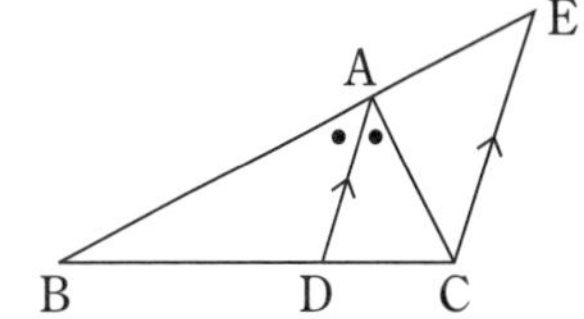

5 右の図で，△ABC の ∠A の二等分線と辺 BC との交点を D とすると，AB：AC＝BD：DC となります。点 C を通り，AD に平行な直線と BA の延長との交点を E として，このことを証明しなさい。〔10 点〕

6 右の図で，点 **M**，**N** は三角錐 **ABCD** の辺 **AB** を **3** 等分する点です。三角錐 **ABCD** を **M**，**N** を通り底面 **BCD** に平行な平面で **3** つの立体 **P**，**Q**，**R** に分けます。　10 点×2〔20 点〕

(1) 立体 P と三角錐 ABCD の表面積比を求めなさい。

(2) 立体 P，Q，R の体積比を求めなさい。

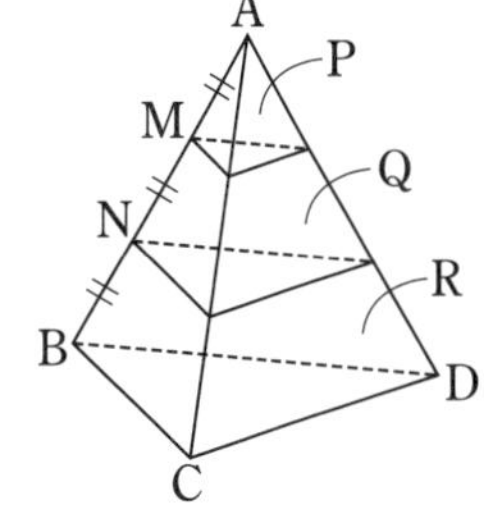

1	(1) 条件 $x=$	(2) 条件 $x=$	(3) 条件 $x=$
2			
3			
4	(1) $x=$　　$y=$	(2) $x=$　　$y=$	
5			
6	(1)	(2)	

1	**2**	**3**	**4**	**5**	**6**
/30点	/10点	/10点	/20点	/10点	/20点

1 円周角と中心角

テストに出る！ 教科書のココが要点

さらっとまとめ（赤シートを使って，□に入るものを考えよう。）

1 円周角の定理 教 p.182～p.185

・1つの弧に対する円周角はすべて等しく，その弧に対する中心角の［半分］である。

・右の図1で，∠APB＝［∠AQB］，∠APB＝$\frac{1}{2}$［∠AOB］

図1

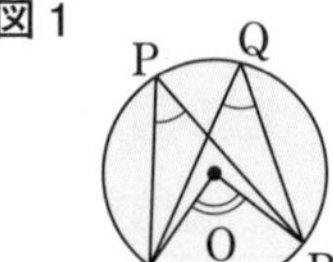

・半円の弧に対する円周角は［90°］である。

2 等しい弧と円周角 教 p.186～p.188

1つの円において，・等しい弧に対する［円周角］は等しい。

・等しい円周角に対する［弧］は等しい。

3 円周角の定理の逆 教 p.189～p.190

・右の図2のように，2点P，Qが直線ABについて同じ側にあるとき，∠APB＝［∠AQB］ならば，4点A，P，Q，Bは1つの［円周］上にある。

図2

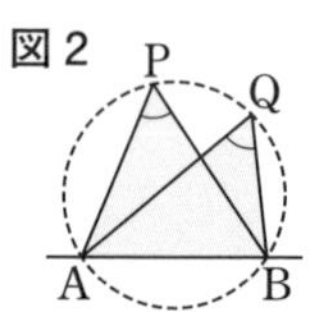

スピード確認（□に入るものを答えよう。答えは，下にあります。）

1

□ ∠AQB＝［①］°
∠AOB＝［②］°

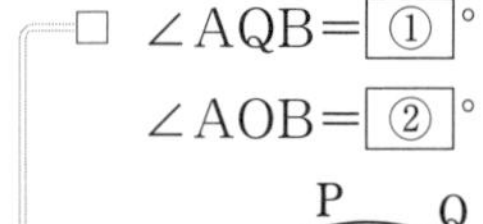
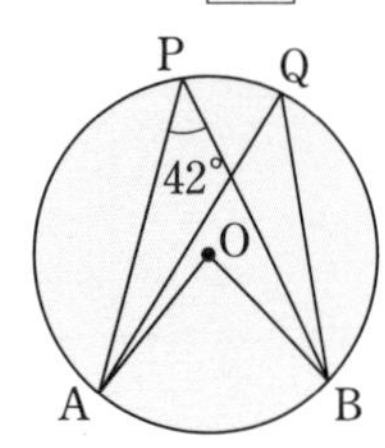

1

□ ∠APB＝［③］°
∠PBA＝180°−（［④］°＋55°）
＝［⑤］°

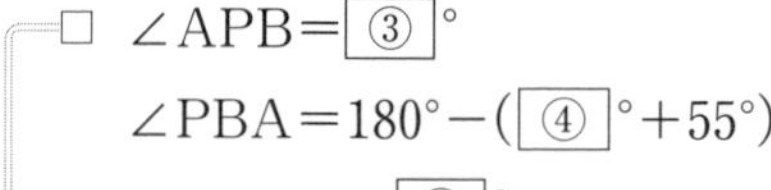
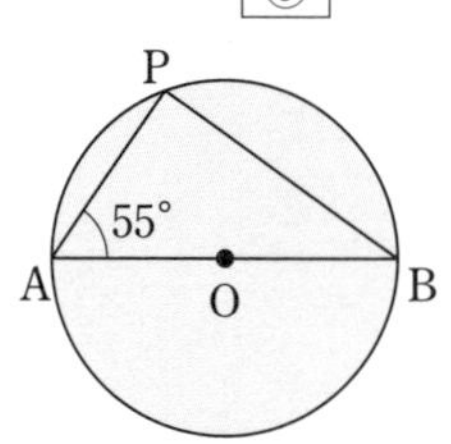

2

□ $\overset{\frown}{AB}$＝$\overset{\frown}{CD}$ ならば
∠CQD＝［⑥］°

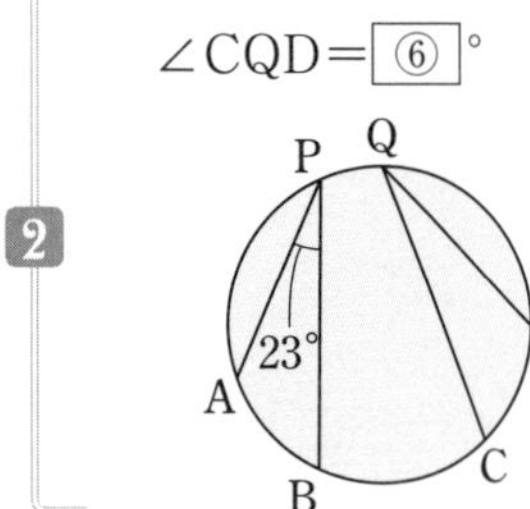

3

□ ∠APB＝［⑦］＝60° より，
4点A，P，Q，Bは
［⑧］の円周上にある。

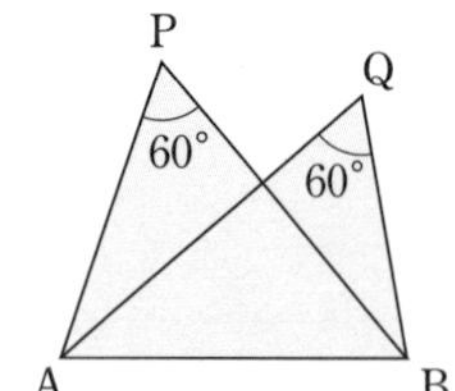

①＿＿＿＿
②＿＿＿＿
③＿＿＿＿
④＿＿＿＿
⑤＿＿＿＿
⑥＿＿＿＿
⑦＿＿＿＿
⑧＿＿＿＿

答 ①42 ②84 ③90 ④90 ⑤35 ⑥23 ⑦∠AQB ⑧1つ

解答 p.12

基礎力UP テスト対策問題

1 円周角の定理　次の図で，$\angle x$ の大きさを求めなさい。

(1)

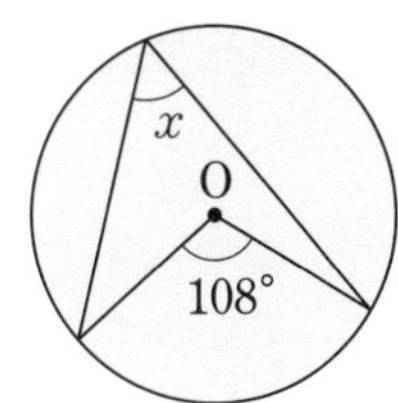

(2)

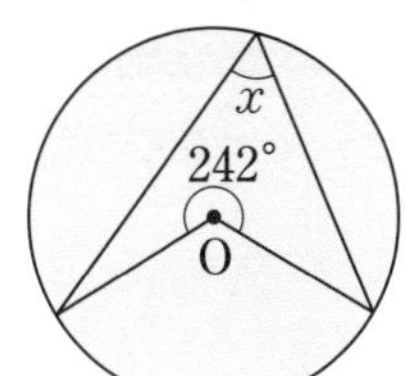

(3)

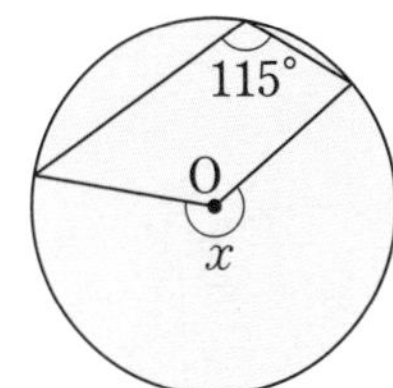

(4)

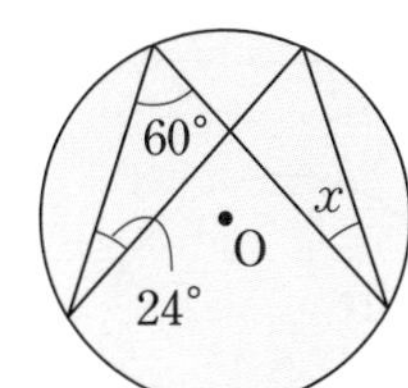

2 直径と円周角　次の図で，$\angle x$ の大きさを求めなさい。

(1)

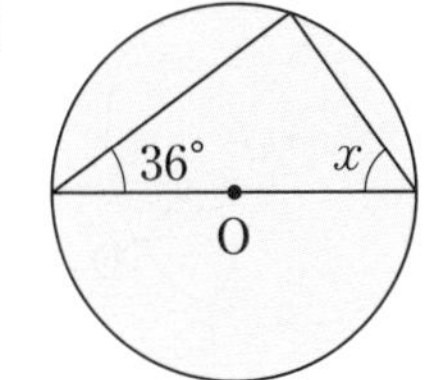

(2)

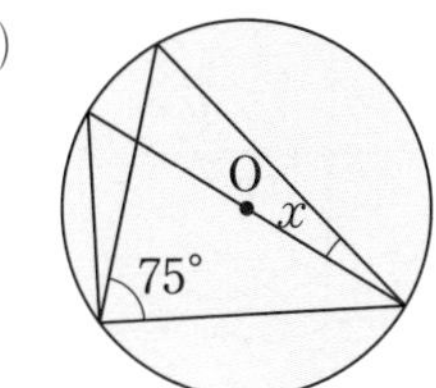

3 等しい弧と円周角　右の図で，$\overset{\frown}{AB}=\overset{\frown}{CD}$ です。

(1)　$\angle x$ の大きさを求めなさい。

(2)　$\angle y$ の大きさを求めなさい。

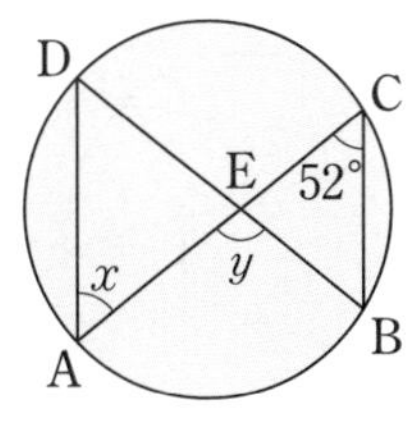

4 円周角の定理の逆　次の図で，4 点 A，B，C，D が 1 つの円周上にあるものをすべて選び，記号で答えなさい。

㋐

㋑

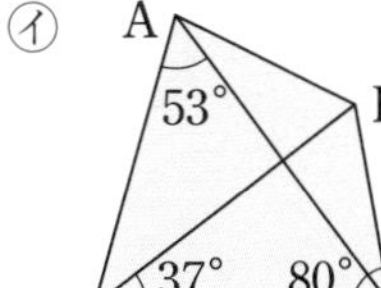

㋒

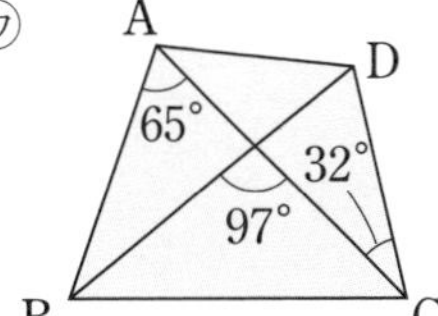

テスト対策ナビ

絶対に覚える!

■円周角の定理

① 1 つの弧に対する円周角は，その弧に対する中心角の半分である。

② 1 つの弧に対する円周角はすべて等しい。

ポイント

■直径と円周角

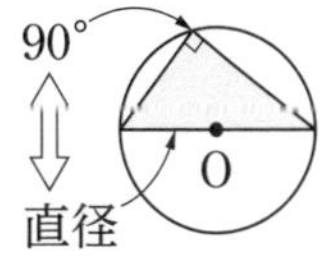

思い出そう!

角度を求める問題では，三角形の性質を使う場合が多い。

①内角の和は 180° である。

②外角は，これととなり合わない 2 つの内角の和に等しい。

4 たとえば，㋑では，$\angle$BAC と $\angle$BDC の大きさが等しいかどうかを調べればよい。

テストに出る！

予想問題　6章 円　1 円周角と中心角

20分　/13問中

1 よく出る　円周角の定理　次の図で，$\angle x$ の大きさを求めなさい。

(1)

(2)

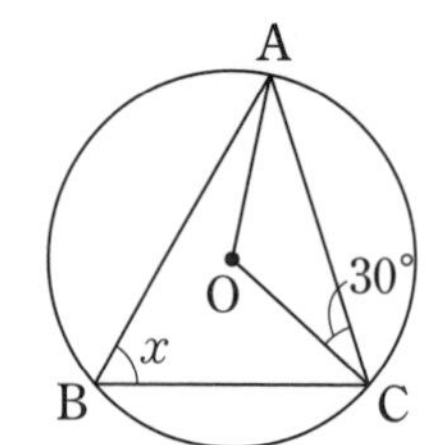

(3)

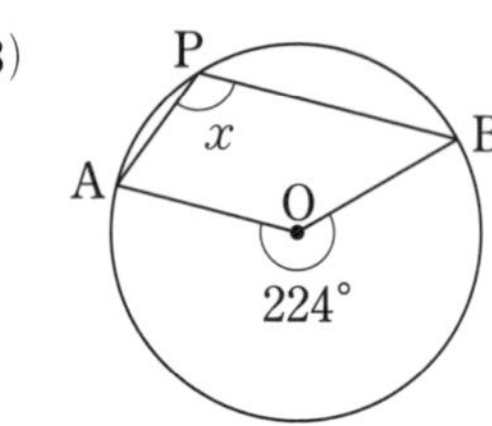

(4)

(5)

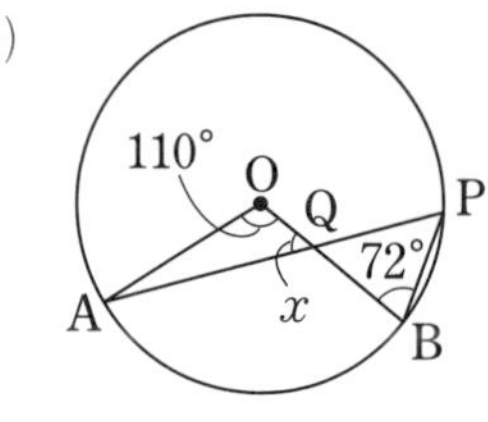

(6)

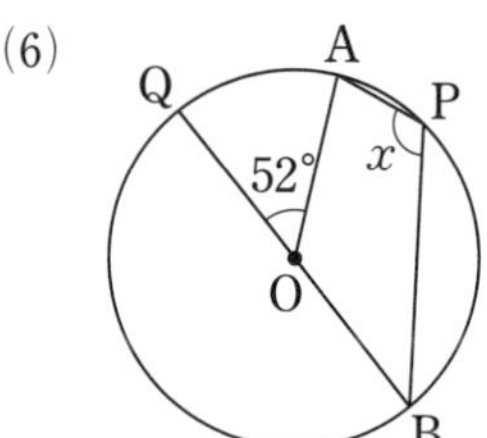

(7)

(8)

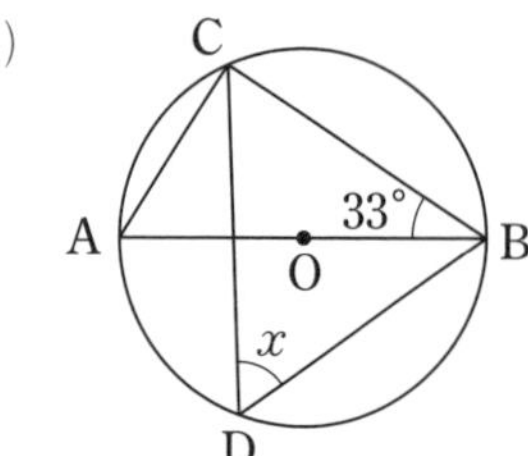

(9)

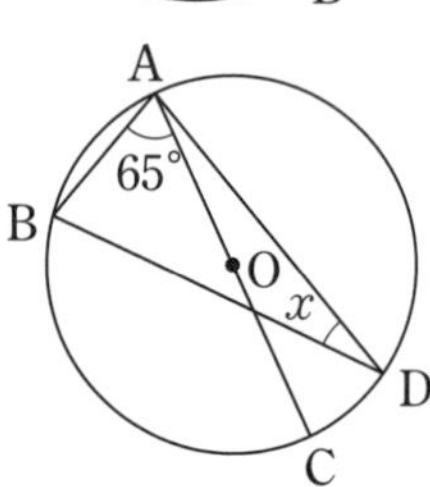

2 円周角の大きさと弧の長さ　次の図で，x の値を求めなさい。

(1)　$\overset{\frown}{AB}=7$ cm
　$\overset{\frown}{CD}=x$ cm

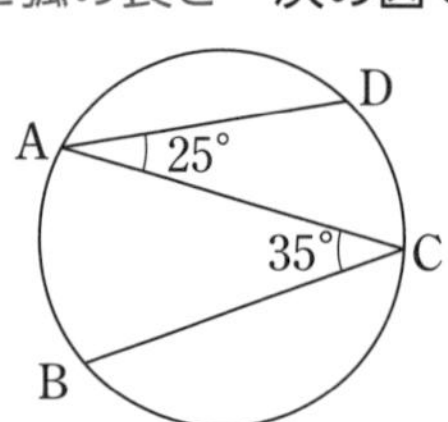

(2)

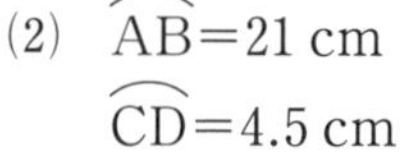

$\overset{\frown}{AB}=21$ cm
$\overset{\frown}{CD}=4.5$ cm

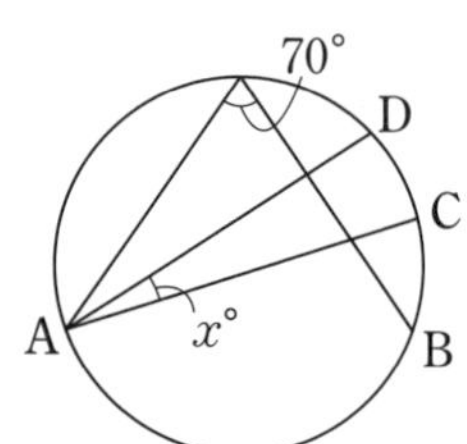

3 円周角の定理の逆　右の図について，次の問いに答えなさい。

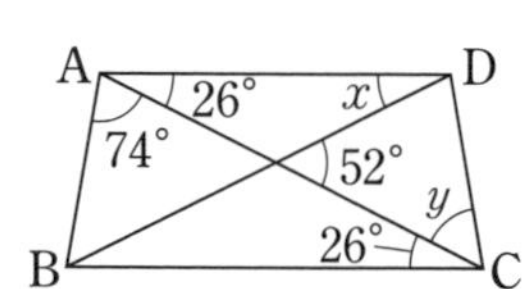

(1)　$\angle x$ の大きさを求めなさい。

(2)　$\angle y$ の大きさを求めなさい。

1 (2)　△OAC が二等辺三角形であることに着目する。
(9)　CD を結ぶと，$\angle ADC=90°$ になることを使って考える。

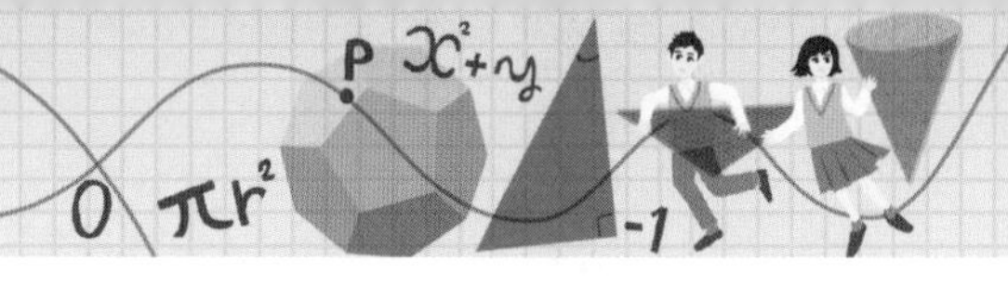

2 円周角の定理の利用

テストに出る！ 教科書のココが要点

さらっとまとめ（赤シートを使って，□に入るものを考えよう。）

1 円周角と図形の証明 教 p.192〜p.193

・円周角に関する定理を使って，図形の性質を証明する。

2 円周角と円の接線 教 p.194〜p.196

・円の外部にある1点から，この円に引いた2本の接線の長さは［等しい］。
つまり，右の図で，AP＝［AP′］

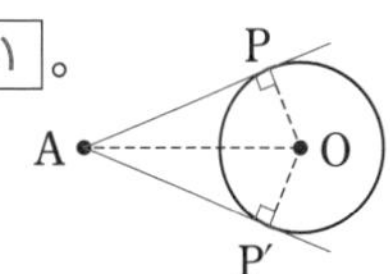

・円の接線は，接点を通る半径に［垂直］である。
つまり，右の図で，OP⊥［AP］，OP′⊥［AP′］

スピード確認（□に入るものを答えよう。答えは，下にあります。）

1

□ 図1で，△APD と△CPB において，
$\overset{\frown}{AC}$ に対する円周角は等しいから，
∠D＝［①］ ……㋐
$\overset{\frown}{BD}$ に対する円周角は等しいから，
∠A＝［②］ ……㋑
㋐，㋑より，［③］がそれぞれ等しいから，
△APD［④］△CPB

図1

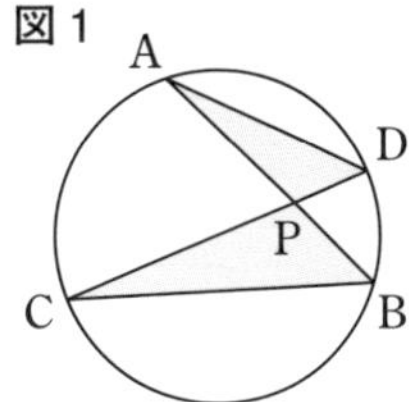

□ 図2で，△ACP と△DBP において，
$\overset{\frown}{AD}$ に対する円周角は等しいから，
∠ACP＝［⑤］ ……㋐
また，［⑥］は共通 ……㋑
㋐，㋑より，2組の角がそれぞれ
等しいから，△ACP∽△DBP

図2

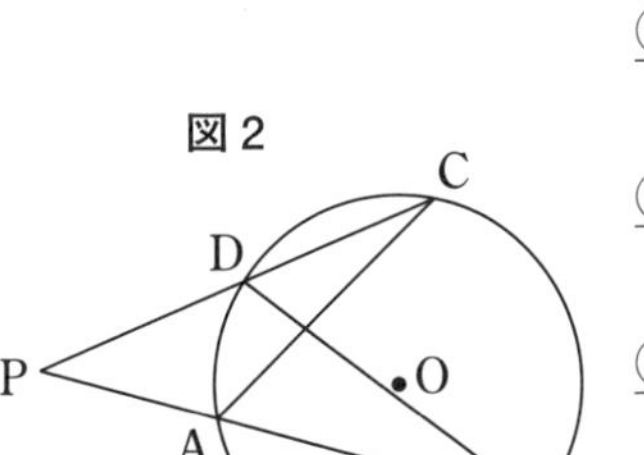

2

□ 図3で，AP＝5 cm のとき，
AP′＝［⑦］cm となる。

□ 図3で，∠APO＝［⑧］＝90° である。
このことから，2点P，P′は線分［⑨］を
直径とする円の周上にあることがわかる。

図3

①＿＿＿＿
②＿＿＿＿
③＿＿＿＿
④＿＿＿＿
⑤＿＿＿＿
⑥＿＿＿＿
⑦＿＿＿＿
⑧＿＿＿＿
⑨＿＿＿＿

答 ①∠B ②∠C ③2組の角 ④∽ ⑤∠DBP ⑥∠P ⑦5 ⑧∠AP′O ⑨AO

解答 p.12

基礎力UP テスト対策問題

1 円周角と図形の証明　右の図のように，4点A，B，C，Dは円Oの円周上の点で，$\overset{\frown}{BC}=\overset{\frown}{CD}$ です。また，弦AC，BDの交点をEとします。このとき，△ABE∽△ACD であることを証明しなさい。

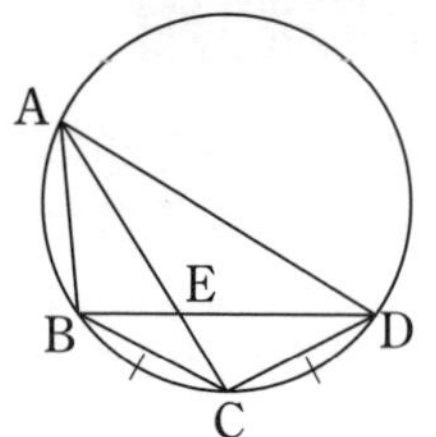

2 円周角と円の接線　**右の図で，線分ABは円Oの直径で，直線BPは円Oの接線，点Cは線分APと円Oとの交点です。**

(1)　△ABP∽△BCP であることを証明しなさい。

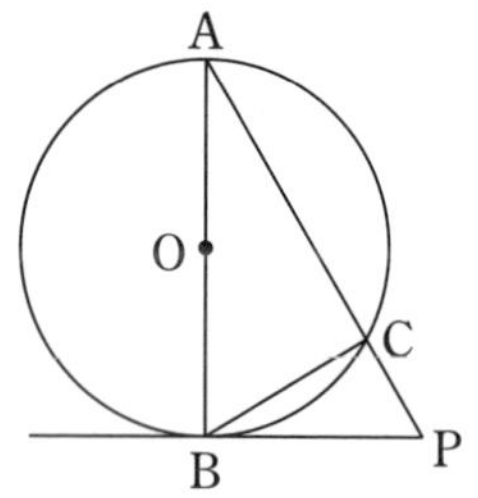

(2)　AC＝12 cm，CP＝4 cm のとき，線分BPの長さを求めなさい。

3 円周角と円の接線　**右の図において，次の作図をしなさい。**

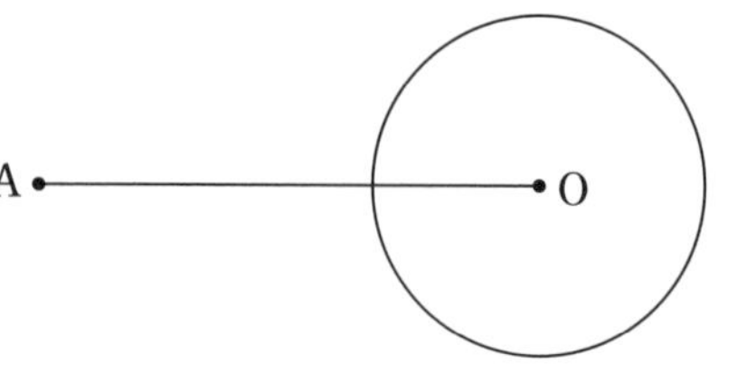

(1)　線分AOの垂直二等分線と線分AOとの交点O′

(2)　点O′を中心とした，半径がAO′の円O′

(3)　点Aから円Oに引いた接線

テスト対策ナビ

ポイント

円が関係する相似の証明では，「2組の角がそれぞれ等しい」が使われる場合が多い。

2 (1)　円の接線は接点を通る半径に垂直であることと，半円の弧に対する円周角は90°であることを使う。

思い出そう！

垂直二等分線の作図

① A，Bを中心とし，等しい半径の円をそれぞれかく。
② ①でかいた2つの円の交点をP，Qとし，直線PQを引く。

テストに出る！
予想問題　6章 円　2 円周角の定理の利用

20分　/6問中

1 よく出る　円周角と図形の証明　右の図について，次の問いに答えなさい。

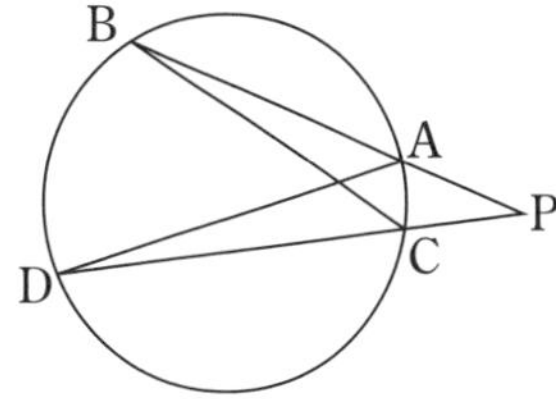

(1) △PAD∽△PCB となることを証明しなさい。

(2) PA：PD＝PC：PB が成り立つことを証明しなさい。

(3) PA＝6 cm，PB＝20 cm，PC＝5 cm のとき，線分 CD の長さを求めなさい。

2 円周角と図形の証明　右の図で，A，B，C は円周上の点です。∠BAC の二等分線を引き，弦 BC および円との交点をそれぞれ D，E とします。このとき，△ABE∽△BDE となることを証明しなさい。

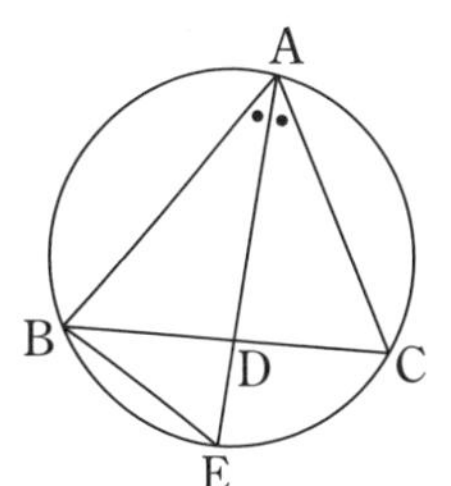

3 円周角と図形の証明　右の図で，平行四辺形 ABCD の 3 つの頂点 A，B，C は円Oの円周上にあります。辺 DC の延長と円Oの交点をEとすると，AE と BC が円Oの中心で交わり，線分 DE の長さが円Oの直径と等しくなりました。このとき，△ADE が正三角形であることを証明しなさい。

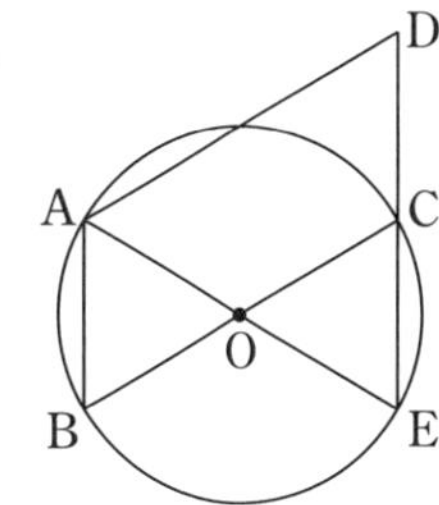

4 円周角と円の接線　右の図で，直線 AP，AP′ はともに円Oの接線です。このとき，AP＝AP′ が成り立つことを証明しなさい。

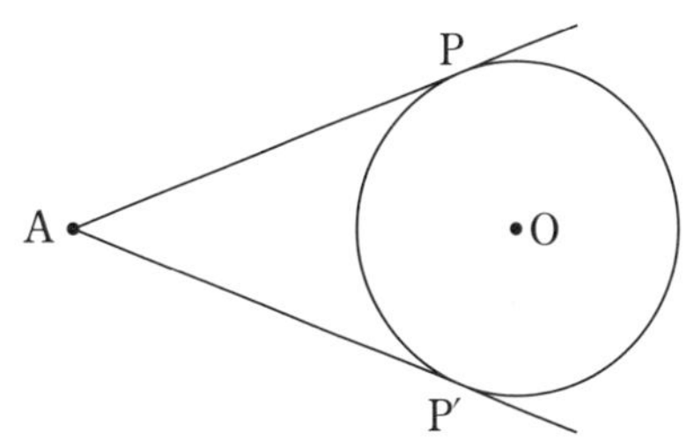

1 (3)　まず，(2)の比例式から PD を求める。
3 平行四辺形の対角が等しいことと，1つの弧に対する円周角は等しいことに着目する。

テストに出る！

章末予想問題　6章 円

⏱ 30分　/100点

1 次の図で，∠x の大きさを求めなさい。　8点×6〔48点〕

(1)

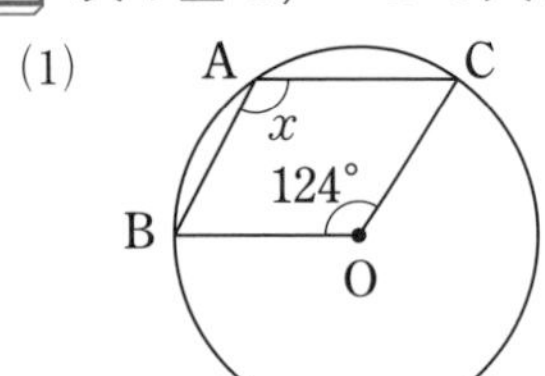

(2)

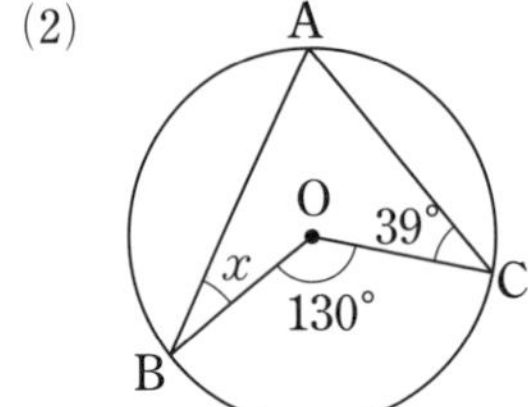

(3)

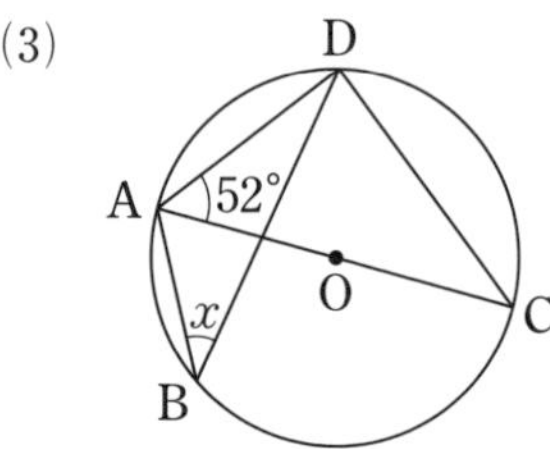

(4)

(5)

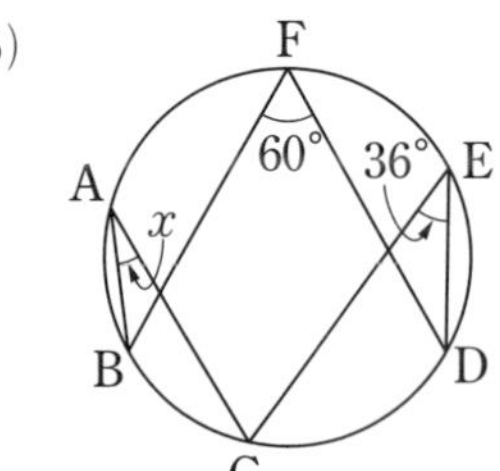

(6)

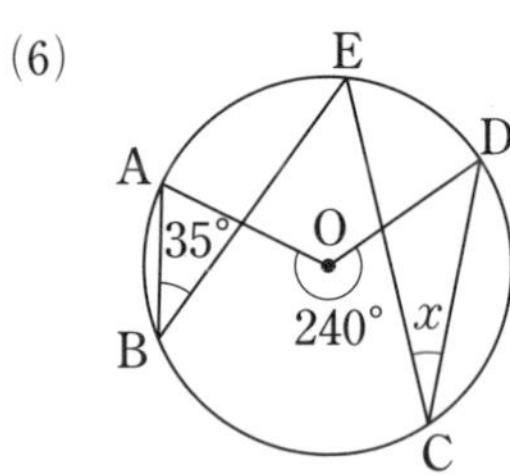

2 次の図で，∠x，∠y の大きさをそれぞれ求めなさい。　8点×2〔16点〕

(1)

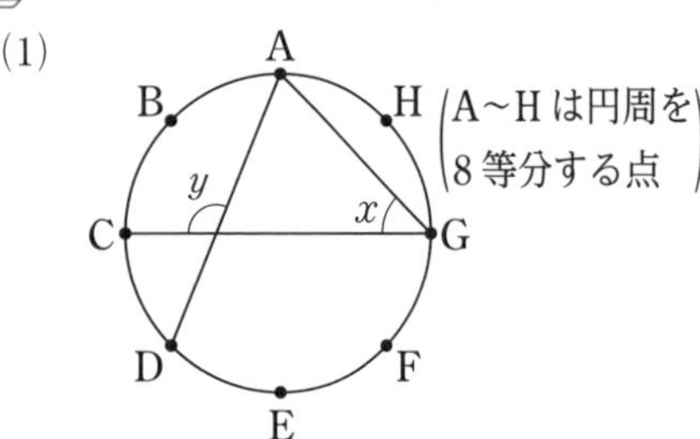

(2)

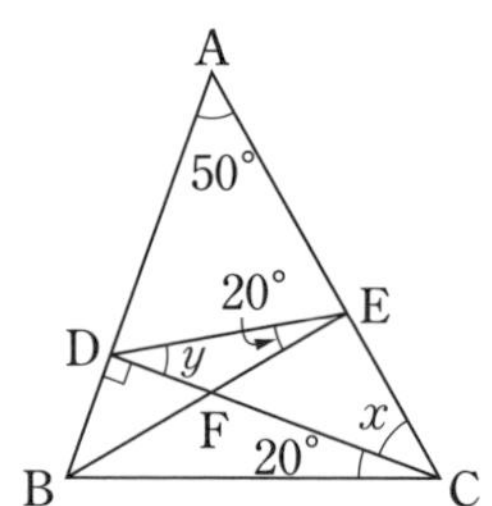

3 右の図の △ABC は，AB＝AC の二等辺三角形で，周の長さは 56 cm です。また，3つの辺が円Oに点 P，Q，R で接しています。　7点×2〔14点〕

(1) AP＝16 cm のとき，辺 BC の長さを求めなさい。

(2) AP：BP＝3：2 のとき，線分 AP の長さを求めなさい。

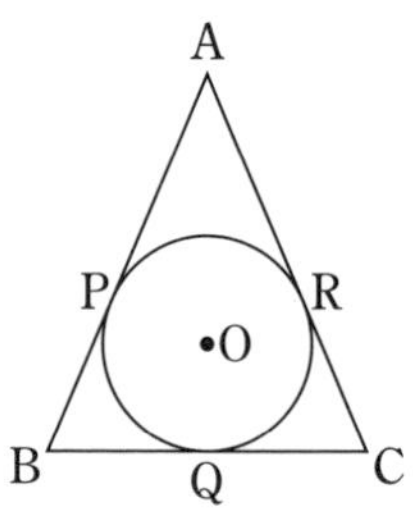

解答 p.13

満点ゲット作戦

円周角の定理や等しい弧，半円の弧に対する円周角に注目しよう。
三角形の相似の証明問題では，等しい2組の角に着目しよう。

4 右の図のように，▱ABCD の紙を対角線 BD で折ります。点Cが移った点をPとします。

このとき，∠ABP＝∠ADP となります。このことを証明しなさい。〔8点〕

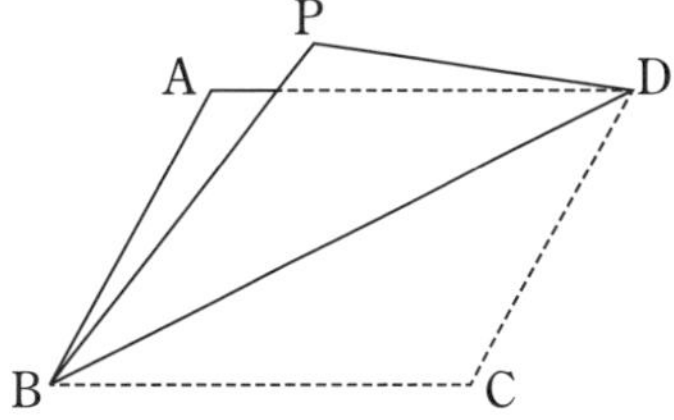

5 差がつく 右の図で，A，B，C，D は円の周上の点で AB＝AC です。AD と BC の延長の交点をEとするとき，次の問いに答えなさい。7点×2〔14点〕

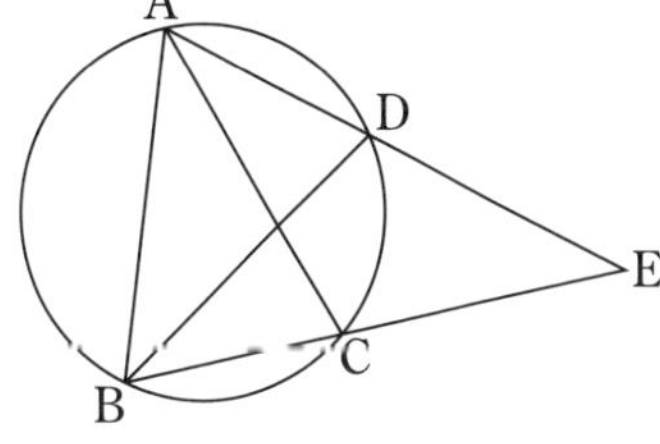

(1) △ADB∽△ABE となることを証明しなさい。

(2) AD＝4 cm，AE＝9 cm のとき，線分 AB の長さを求めなさい。

1	(1)	(2)	(3)
	(4)	(5)	(6)
2	(1) ∠x＝　　∠y＝	(2) ∠x＝　　∠y＝	
3	(1)	(2)	
4			
5	(1)		(2)

1	2	3	4	5
/48点	/16点	/14点	/8点	/14点

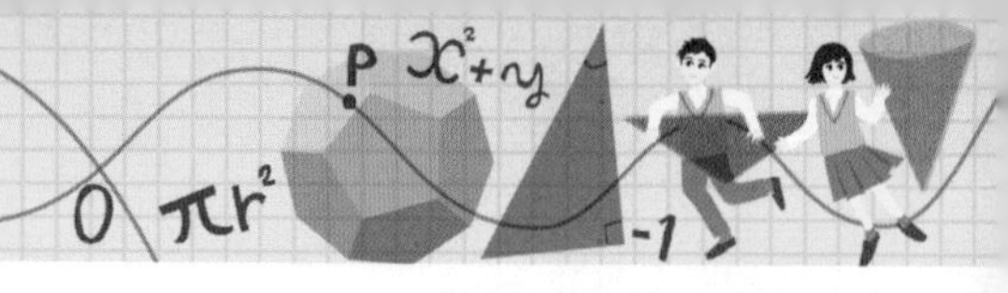

1 三平方の定理

テストに出る！ 教科書のココが要点

さらっとまとめ（赤シートを使って，□に入るものを考えよう。）

1 三平方の定理 教 p.204～p.206

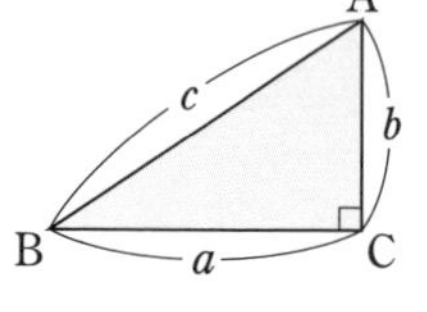

・直角三角形の直角をはさむ 2 辺の長さを a，b，斜辺の長さを c とすると，$a^2+b^2=$ c^2 ……①

・上の①は，$BC^2+CA^2=$ AB^2 のように書くこともある。

㊟ 三平方の定理は，古代ギリシャのピタゴラスにちなんで，「ピタゴラスの定理」とも呼ばれている。

2 三平方の定理の逆 教 p.207～p.208

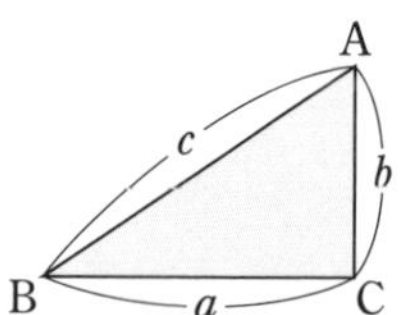

・△ABC の 3 辺の長さ a，b，c の間に，$a^2+b^2=c^2$ の関係が成り立てば，∠C= 90° である。

スピード確認（□に入るものを答えよう。答えは，下にあります。）

1

□ 図 1 の直角三角形で，$a=3$，$b=2$ ならば，$3^2+2^2=c^2$

$c^2=$ ①

$c>0$ であるから，$c=$ ②

図 1

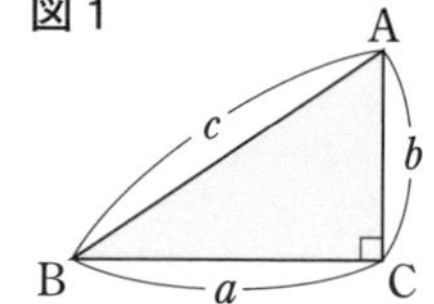

□ 図 1 の直角三角形で，$b=5$，$c=11$ ならば，$a^2+5^2=11^2$

$a^2=$ ③，$a>0$ であるから，$a=$ ④

□ 図 1 の直角三角形で，$a^2+b^2=c^2$ が成り立つから，

$c^2=a^2+b^2$

$c>0$ であるから，$c=\sqrt{a^2+b^2}$ ……※

同様にして，$a^2=c^2-b^2$，$b^2=c^2-a^2$

$a>0$，$b>0$ であるから，$a=$ ⑤，$b=$ ⑥

とくに※は公式として覚えておくとよい。

2

□ 図 2 の三角形で，$a=12$，$b=9$，$c=15$ ならば，$a^2+b^2=12^2+9^2=$ ⑦，$c^2=$ ⑧ より，$a^2+b^2=$ ⑨ が成り立つから，△ABC は ∠C= ⑩ の ⑪ 三角形である。

図 2

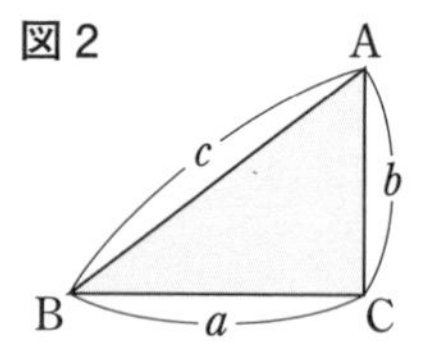

①＿＿＿＿
②＿＿＿＿
③＿＿＿＿
④＿＿＿＿
⑤＿＿＿＿
⑥＿＿＿＿
⑦＿＿＿＿
⑧＿＿＿＿
⑨＿＿＿＿
⑩＿＿＿＿
⑪＿＿＿＿

答 ①13 ②$\sqrt{13}$ ③96 ④$4\sqrt{6}$ ⑤$\sqrt{c^2-b^2}$ ⑥$\sqrt{c^2-a^2}$ ⑦225 ⑧225 ⑨c^2 ⑩90° ⑪直角

解答 p.14

基礎力UP テスト対策問題

1 三平方の定理　次の直角三角形で，x の値を求めなさい。

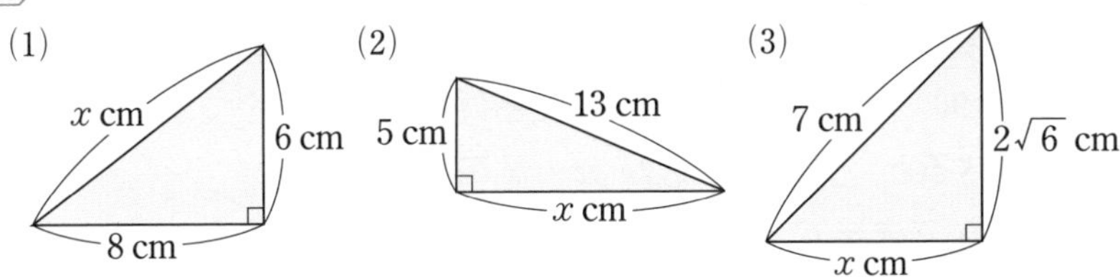

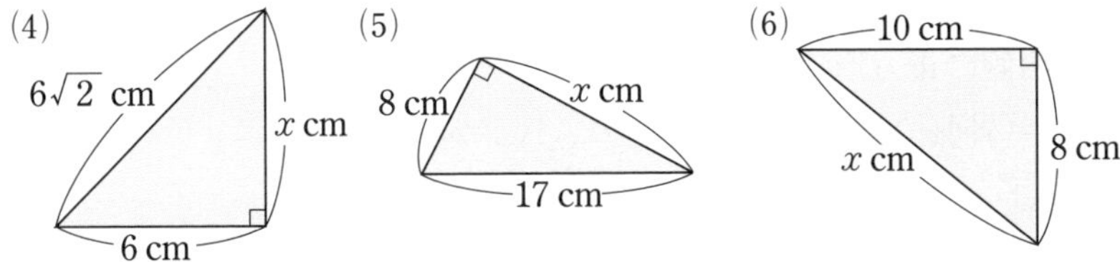

2 三平方の定理　右の図の三角形について，次の問いに答えなさい。

(1) 垂線 AD の長さを求めなさい。

(2) 辺 AB の長さを求めなさい。

3 三平方の定理の逆　次の長さを 3 辺とする三角形のうち，直角三角形であるものには○，直角三角形でないものには×をつけなさい。

(1) 4 cm，8 cm，9 cm　　(2) 12 cm，16 cm，20 cm

(3) $\sqrt{3}$ cm，$\sqrt{7}$ cm，$\sqrt{10}$ cm　　(4) 1 cm，2 cm，$\sqrt{3}$ cm

(5) 6 cm，$\sqrt{10}$ cm，$3\sqrt{3}$ cm　　(6) $3\sqrt{2}$ m，$6\sqrt{2}$ m，$3\sqrt{6}$ m

4 三平方の定理の逆　右の図の △ABC で，∠B＝90° であることを証明しなさい。

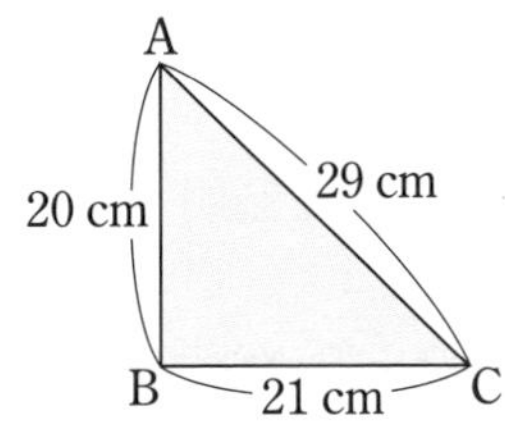

テスト対策ナビ

絶対に覚える！

下の図の直角三角形において，
$a^2+b^2=c^2$

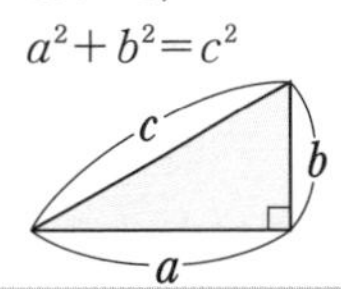

思い出そう！

三平方の定理の問題では√￣（ルート）を使った値が出てくる。「$\sqrt{a^2\times b}=a\sqrt{b}$」のような直しかたを思い出そう。

例 「$x^2=12$ より，$x=\sqrt{12}$」で終わらせてはいけない。
$\sqrt{12}=\sqrt{2^2\times 3}=2\sqrt{3}$
のように，√￣ の中をできるだけ小さい自然数にしておこう。

絶対に覚える！

下の図の三角形で，$a^2+b^2=c^2$ ならば，この三角形は長さ c の辺を斜辺とする直角三角形である。

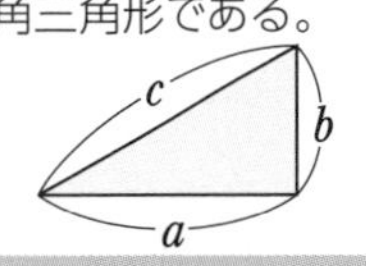

4 △ABC が辺 CA を斜辺とする直角三角形であることが示せればよい。

テストに出る！

予想問題　7章 三平方の定理　1 三平方の定理

🕓20分　/13問中

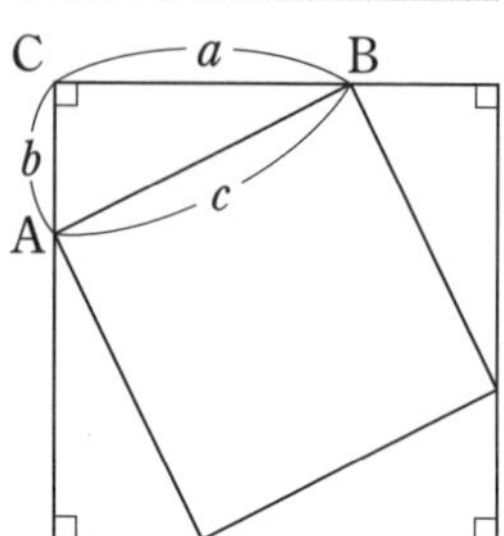

1 三平方の定理の証明　∠C＝90° の直角三角形 ABC と合同な直角三角形を右の図のように並べると，外側に1辺が $a+b$ の正方形，内側に1辺が c の正方形ができます。このとき，$a^2+b^2=c^2$ が成り立つことを，次のように証明します。下の空らんをうめなさい。

［証明］ AB を1辺とする内側の正方形の面積は，

（内側の正方形の面積）＝（外側の正方形の面積）－△ABC×4

＝①［　　］－4×②［　　］＝③［　　］

また，内側の正方形の1辺は c であるから，（内側の正方形の面積）＝④［　　］

したがって，$a^2+b^2=$④［　　］

2 三平方の定理　直角三角形の斜辺の長さを c，他の2辺の長さを a，b として，次の表を完成させなさい。

	①	②	③	④
a	2	イ	15	エ
b	2	4	ウ	$\sqrt{23}$
c	ア	$2\sqrt{6}$	17	$4\sqrt{3}$

3 よく出る　三平方の定理　右の図の △ABC について，次の問いに答えなさい。

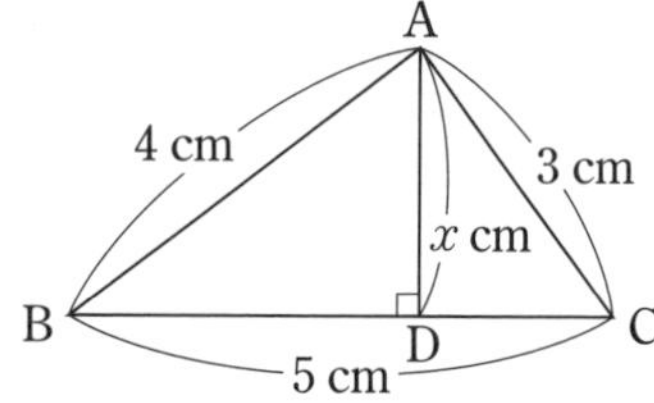

(1) BD＝a，CD＝$5-a$ として，x^2 を a を使って2通りの式で表しなさい。

(2) a の値を求めなさい。

(3) x の値を求めなさい。

4 三平方の定理の逆　右の図の四角形 ABCD について，次の問いに答えなさい。

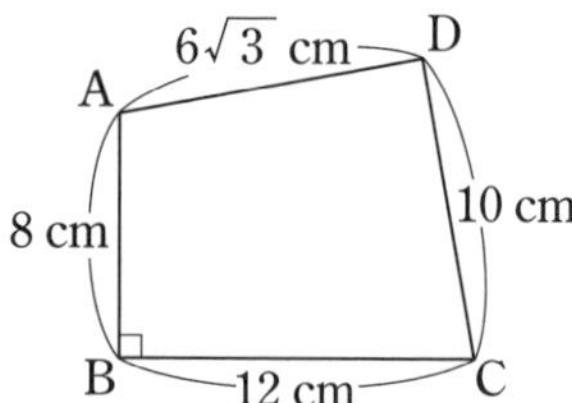

(1) ∠ADC＝90° であることを証明しなさい。

(2) 四角形 ABCD の面積を求めなさい。

3 (1) △ABD，△ACD のそれぞれについて，三平方の定理を使う。

4 (1) まず，対角線 AC を引き，△ABC で三平方の定理を使って AC^2 を求める。

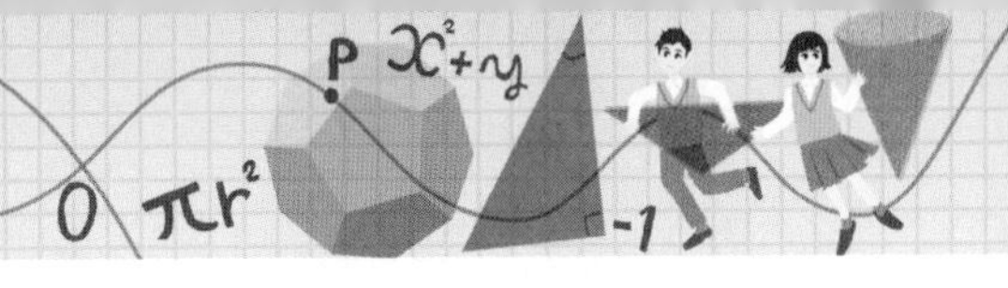

2 三平方の定理の利用

テストに出る！ 教科書のココが要点

さらっとまとめ（赤シートを使って，□に入るものを考えよう。）

1 平面図形での利用 教 p.210〜p.215

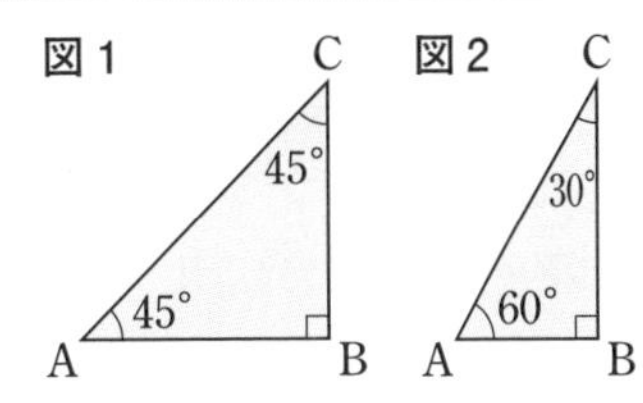

- 1辺が a である正方形の対角線の長さは $\boxed{\sqrt{2}\,a}$
- **図1**の直角三角形で，AB：BC：CA＝1：$\boxed{1}$：$\boxed{\sqrt{2}}$
- **図2**の直角三角形で，AB：BC：CA＝1：$\boxed{\sqrt{3}}$：$\boxed{2}$
- 円の弦や接線に関する問題では，それぞれ**図3**で示した直角三角形に着目する。
- 2点 A(a，b)，B(c，d) 間の距離は，

$$\text{AB}=\sqrt{(a-\boxed{c})^2+(b-\boxed{d})^2}$$

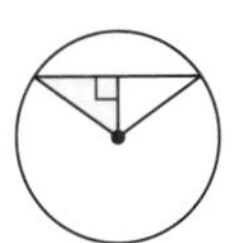

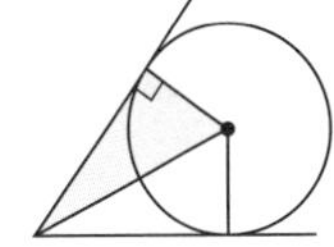

2 空間図形での利用 教 p.216〜p.220

- 縦，横，高さがそれぞれ a，b，c の直方体の対角線の長さは $\boxed{\sqrt{a^2+b^2+c^2}}$
- 1辺が a である立方体の対角線の長さは $\boxed{\sqrt{3}\,a}$
- 図形の問題では，適当な補助線を引いて直角三角形をつくり，三平方の定理を利用する。

スピード確認（□に入るものを答えよう。答えは，下にあります。）

1

- □ 1辺4 cmの正方形の対角線の長さは $\boxed{①}$ cm
- □ 図1で，x＝$\boxed{②}$，y＝$\boxed{③}$
- □ 図2で，△OAHに着目すると，AH＝$\boxed{④}$ cm より，AB＝2AH＝$\boxed{⑤}$ cm
- □ 図3で，△OABに着目すると，OB＝$\boxed{⑥}$ cm より，AB＝$\boxed{⑦}$ cm
- □ 2点(1，−1)，(4，4)間の距離は $\boxed{⑧}$

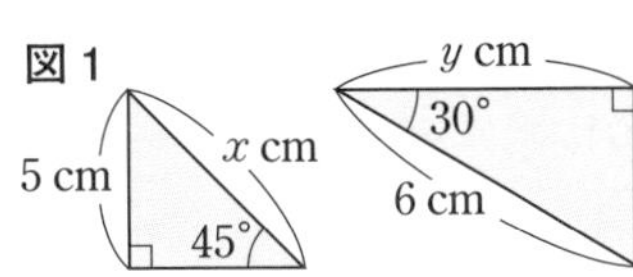

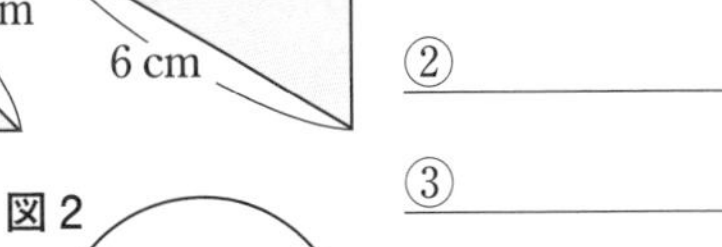

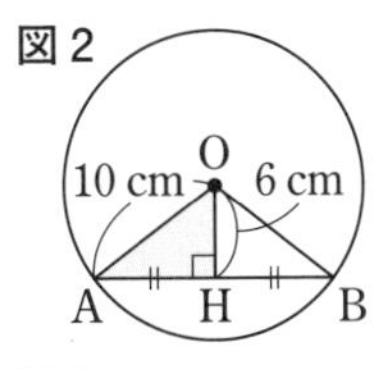

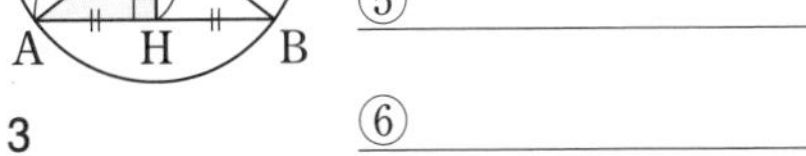

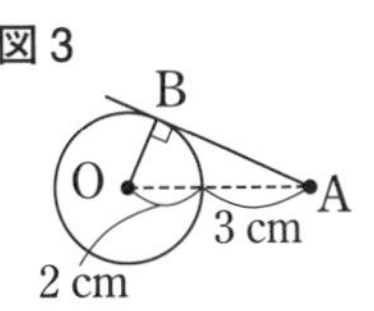

2

- □ 縦3 cm, 横6 cm, 高さ2 cmの直方体の対角線の長さは $\boxed{⑨}$ cm
- □ 1辺2 cmの立方体の対角線の長さは $\boxed{⑩}$ cm

①______
②______
③______
④______
⑤______
⑥______
⑦______
⑧______
⑨______
⑩______

答 ①$4\sqrt{2}$ ②$5\sqrt{2}$ ③$3\sqrt{3}$ ④8 ⑤16 ⑥2 ⑦$\sqrt{21}$ ⑧$\sqrt{34}$ ⑨7 ⑩$2\sqrt{3}$

解答 p.15

基礎力UP テスト対策問題

1 平面図形での利用　次の図で，x，y の値を求めなさい。

(1)

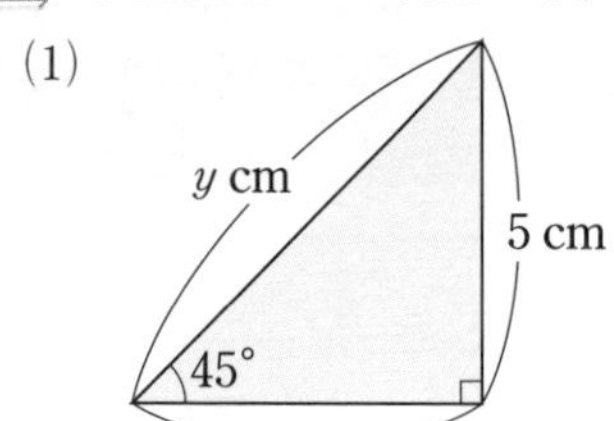

(2)

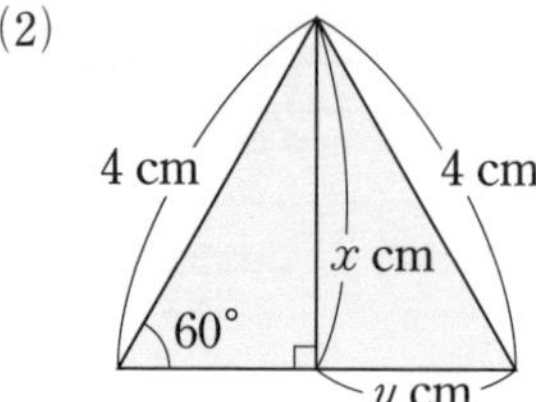

2 平面図形での利用　次の問いに答えなさい。

(1)　1 辺が 12 cm の正三角形の高さと面積を求めなさい。

(2)　1 辺が 8 cm の正方形の対角線の長さを求めなさい。

3 平面図形での利用　次の図で，x の値を求めなさい。

(1)

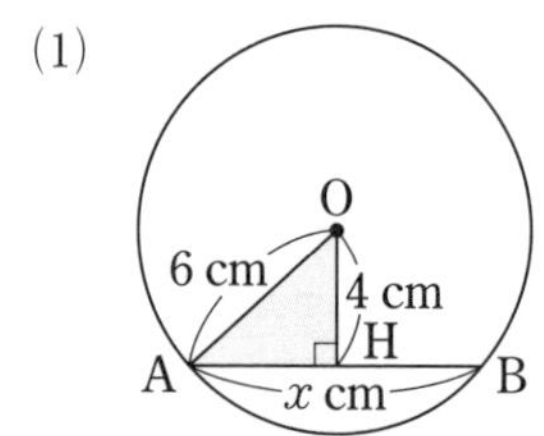

(2)

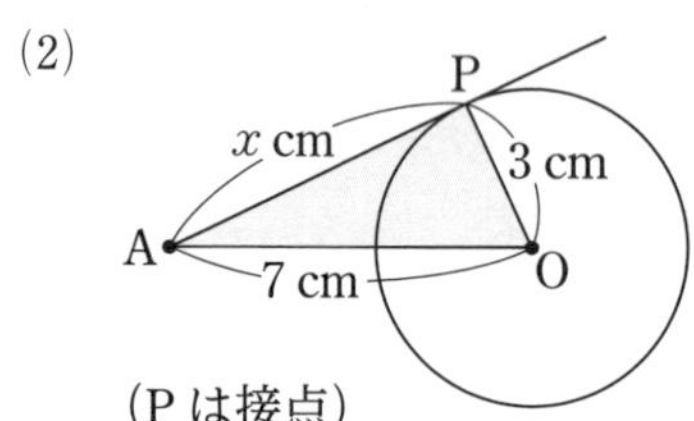

(P は接点)

4 2 点間の距離　2 点間の距離を，それぞれ求めなさい。

(1)　右の図の 2 点 A，B

(2)　A(−2，3)，B(3，−4)

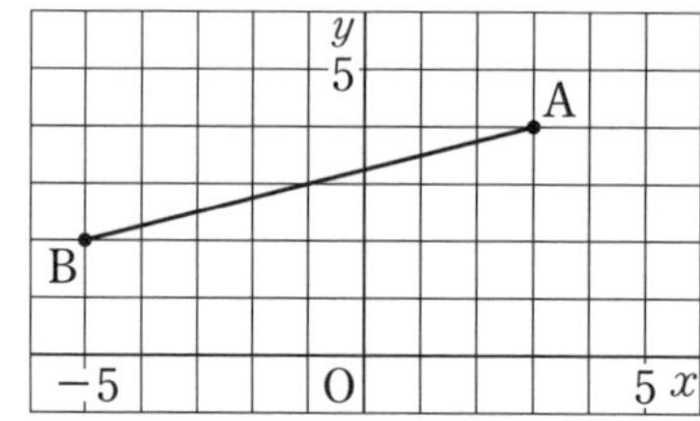

5 直方体，立方体の対角線　次の図の直方体や立方体の対角線 AG の長さを求めなさい。

(1)

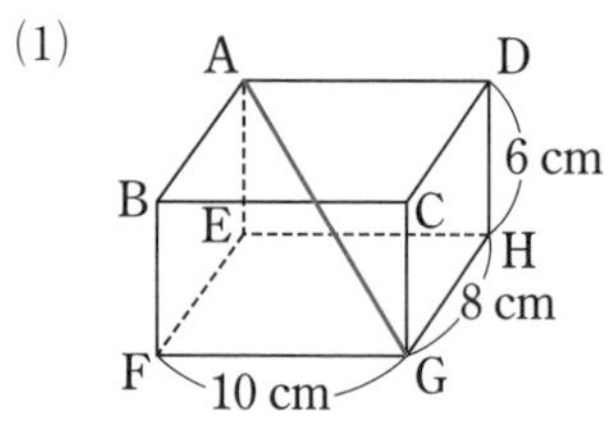

(2)

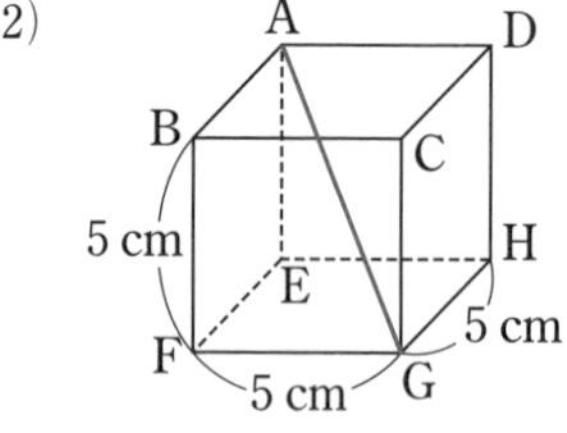

テスト対策ナビ

絶対に覚える!

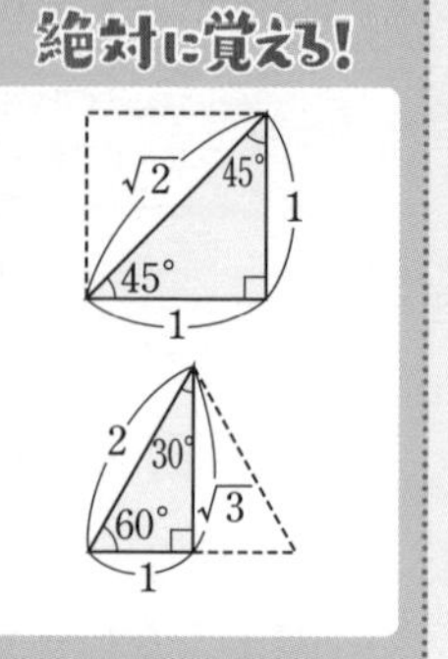

ポイント

1 辺が a の正方形の対角線の長さは $\sqrt{2}\,a$

思い出そう!

・円の中心から弦に引いた垂線は弦を垂直に 2 等分する。

・円の接線は接点を通る半径に垂直。

「直角」を見つけたら三平方の定理の利用を考えよう。

ポイント

縦 a，横 b，高さ c の直方体の対角線の長さは $\sqrt{a^2+b^2+c^2}$

1 辺が a の立方体の対角線の長さは $\sqrt{3}\,a$

テストに出る！
予想問題 7章 三平方の定理 2 三平方の定理の利用

20分 /12問中

1 平面図形での利用　次の図で，x，y，z の値を求めなさい。

(1)

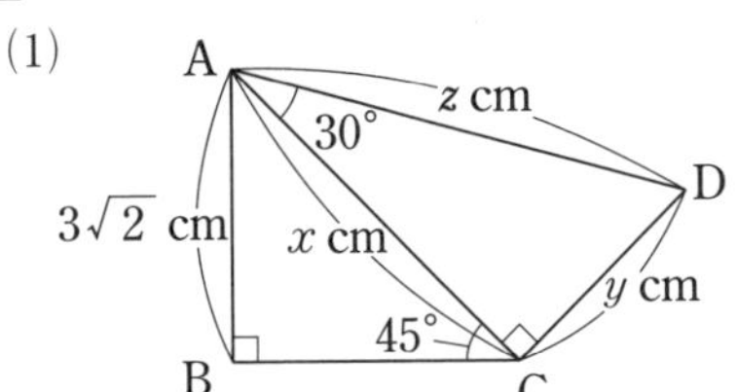

(2)

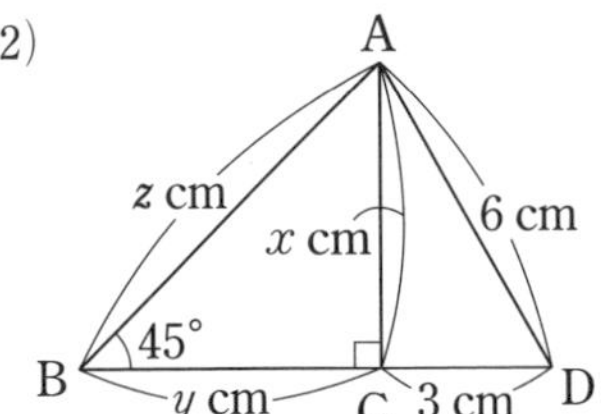

2 2点間の距離　右の図のように，点 A，B は関数 $y=-x^2$ のグラフ上の点で，y 座標はそれぞれ -4，-9 です。このとき，線分 AB の長さを求めなさい。

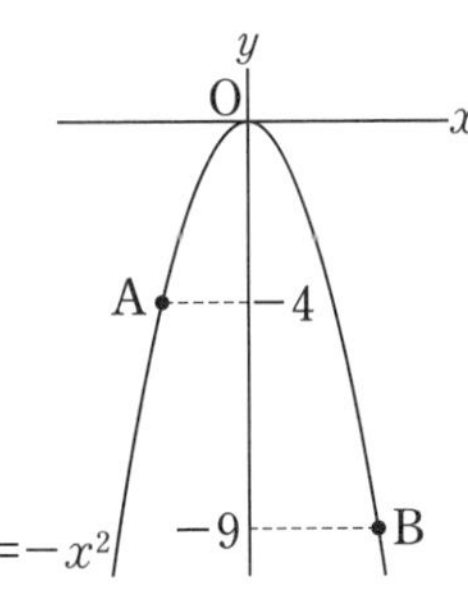

3 空間図形での利用　右の図の円錐で，次のものを求めなさい。

(1) 高さ AO

(2) 体積

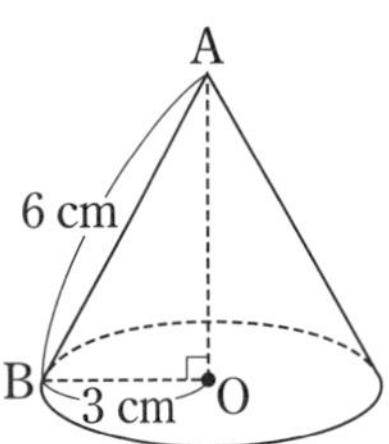

4 よく出る　空間図形での利用　右の図の正四角錐で，次のものを求めなさい。

(1) 高さ OH

(2) 体積

(3) 表面積

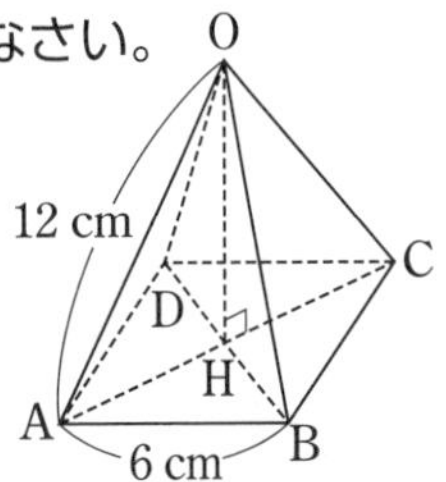

1 (2) △ABC は直角二等辺三角形なので，$x=y$

4 (1) まず AH を求め，△OAH で三平方の定理を使う。

テストに出る！

章末予想問題　7章 三平方の定理

⏱30分　　/100点

1 次の図で，x の値を求めなさい。　6点×3〔18点〕

(1)

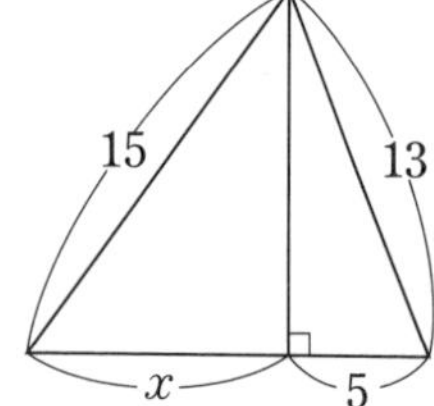

(2)

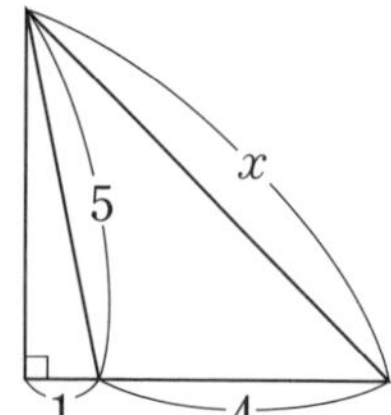

(3)

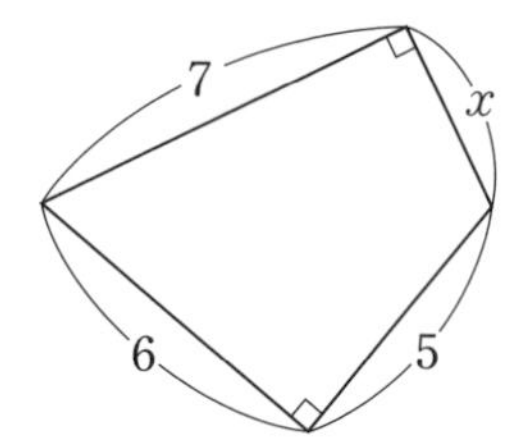

2 右の図の △ABC で，次のものを求めなさい。　6点×2〔12点〕

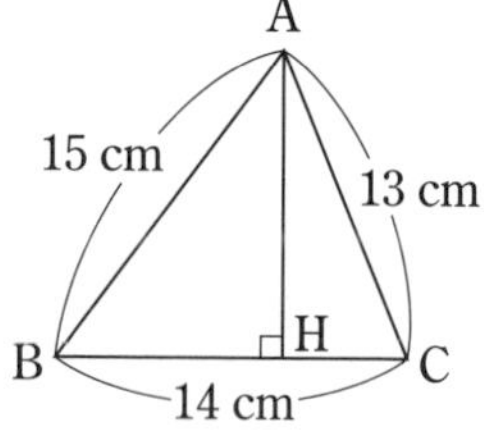

(1) 高さ AH

(2) 面積

3 右の図のように，3点 A(2, 2)，B(−4, −2)，C(6, −4) を頂点とする △ABC があります。　6点×2〔12点〕

(1) 辺 BC の長さを求めなさい。

(2) △ABC はどんな三角形ですか。

4 右の図の直方体で，次の問いに答えなさい。　6点×2〔12点〕

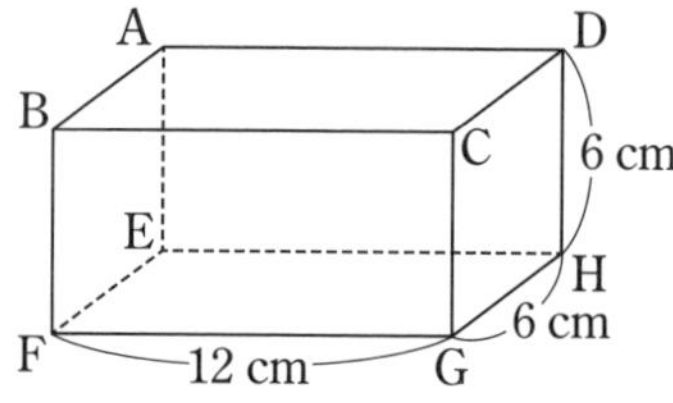

(1) 線分 BH の長さを求めなさい。

(2) 点Aから辺 BC を通って点Gまでひもをかけます。かけるひもの長さがもっとも短くなるときの，ひもの長さを求めなさい。

5 右の図のように，縦 10 cm，横 8 cm の長方形の紙 ABCD を，点Bが辺 CD 上にくるように折り返し，点Bが移った点をQとします。折り目の線分を AP とするとき，次の問いに答えなさい。　8点×2〔16点〕

(1) △ADQ∽△QCP であることを証明しなさい。

(2) AP の長さを求めなさい。

解答 p.15

満点ゲット作戦

三平方の定理を使えるように，問題の図の中や，立体の側面や断面にある直角三角形に注目しよう。

6 差がつく 右の図のように，縦 6 cm，横 9 cm の長方形 ABCD の紙を，対角線 BD を折り目として折ります。点Cが移った点を E，辺 AD と BEとの交点をFとします。 7点×2〔14点〕

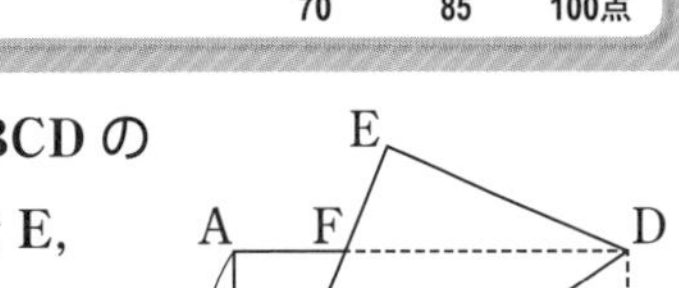

(1) AF の長さを求めなさい。

(2) BF の長さを求めなさい。

7 右の図のように，半径が 7.5 cm の円Oの円周上に 4 点 A，B，C，D があり，BD は円Oの直径です。点Dから辺 AC に垂線を引き，AC との交点をHとします。このとき，次の問いに答えなさい。 8点×2〔16点〕

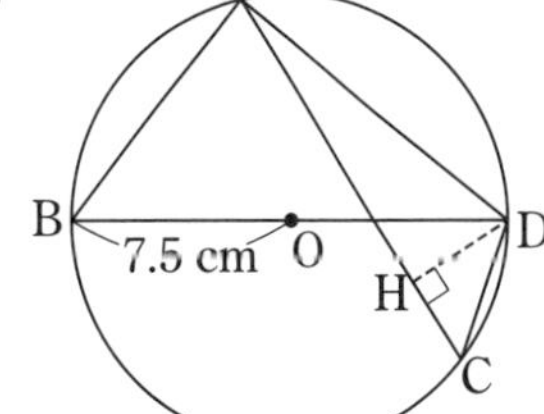

(1) △ABD∽△HCD であることを証明しなさい。

(2) AD＝12 cm，CD＝5 cm のとき，AC の長さを求めなさい。

1	(1)	(2)	(3)
2	(1)	(2)	
3	(1)	(2)	
4	(1)	(2)	
5	(1)		(2)
6	(1)	(2)	
7	(1)		(2)

1	2	3	4	5	6	7
/18点	/12点	/12点	/12点	/16点	/14点	/16点

8章 標本調査

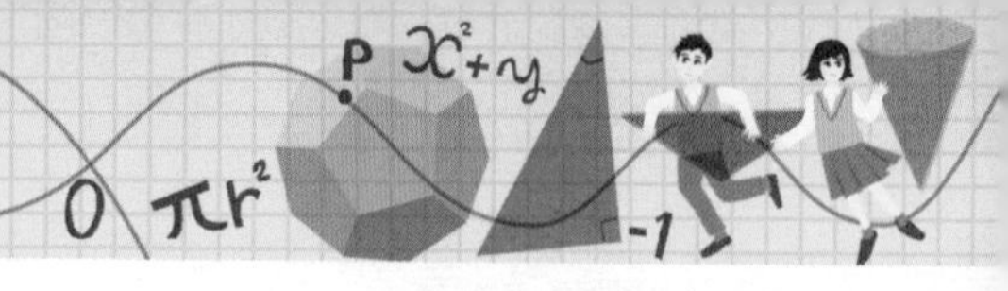

1 標本調査

テストに出る！ 教科書のココが要点

さらっとまとめ (赤シートを使って，□に入るものを考えよう。)

1 全数調査と標本調査 教 p.230

・対象となる集団のすべてのものについて行う調査を［全数調査］という。

・対象となる集団の中から一部を取り出して調べ，もとの集団全体の傾向を推測する調査を［標本調査］という。

・全数調査を行うと多くの時間や費用がかかったり，製品をこわすおそれがある場合には［標本調査］が行われる。

2 標本調査による推定 教 p.231～p.235

・標本調査を行うとき，調査する対象となるもとの集団を［母集団］といい，母集団から取り出した一部分を［標本］またはサンプルという。

・母集団から標本を取り出すことを標本の［抽出］といい，標本から母集団の性質を推測することを［推定］という。

・母集団からかたよりなく標本を抽出する方法を［無作為抽出］という。

3 標本調査の利用 教 p.236～p.237

・標本調査を利用して，いろいろな数を推定する。

スピード確認 (□に入るものを答えよう。答えは，下にあります。)

1

□ 学校で行う身体測定などのように，ある集団全体に対して行う調査を［①］という。

□ 工場で生産する製品の品質検査などのように，集団の一部を取り出して行う調査を［②］という。

2

□ 性質を調べたい集団全体を［③］，そこから調査のために取り出した一部分を［④］という。母集団から標本を選び出すとき，かたよりのないように抽出する［⑤］抽出という方法がある。

3

□ 赤玉と白玉が入っている袋から10個の玉を取り出したところ，赤玉が7個，白玉が3個だった。袋の中に入っていた白玉の数が60個とわかっているとき，袋の中に入っていた赤玉の数をx個とすると，x：60＝［⑥］：［⑦］ より x＝［⑧］
よって，袋の中には赤玉が約［⑨］個入っていたと推定できる。

①＿＿＿＿
②＿＿＿＿
③＿＿＿＿
④＿＿＿＿
⑤＿＿＿＿
⑥＿＿＿＿
⑦＿＿＿＿
⑧＿＿＿＿
⑨＿＿＿＿

答 ①全数調査 ②標本調査 ③母集団 ④標本(サンプル) ⑤無作為 ⑥7 ⑦3 ⑧140 ⑨140

テストに出る！
予想問題　8章 標本調査
1 標本調査

🕓20分　／9問中

1 よく出る　標本調査　次の調査では，全数調査と標本調査のどちらが適していますか。

(1) 学校での体力測定　(2) 野球のテレビ中継の視聴率調査

(3) 電球の耐久検査　(4) ある湖にすむ魚の数の調査

2 標本調査　ある学校の生徒全員から，20 人を無作為抽出して，勉強に対する意識調査を行うことになりました。20 人を無作為抽出する方法として正しいものを選び，記号で答えなさい。

㋐ 期末テストの点数が平均点に近い人から 20 人を選ぶ。

㋑ 20 本の当たりが入ったくじを生徒全員にひいてもらって 20 人を選ぶ。

㋒ 女子の中からじゃんけんで 20 人を選ぶ。

3 標本調査の利用　生徒数 320 人のある中学校で，生徒 40 人を無作為抽出してアンケート調査を行ったところ，毎日 1 時間以上自宅で勉強をしている生徒が 6 人いました。この中学校の生徒全体で毎日 1 時間以上自宅で勉強をしているのは，約何人と推定できますか。

4 標本調査の利用　ある池にいる魚の数を調べるために，池の 10 か所にえさを入れたわなをしかけて魚を 300 匹捕獲し，これらの魚全部に印をつけて池に返します。1 週間後に同じようにして魚を 240 匹捕獲したところ，その中に印のついた魚が 30 匹いました。池に魚は約何匹いると推定できますか。

5 標本調査の利用　900 ページの辞典に載っている見出しの単語の数を調べるために，10 ページを無作為抽出し，そこに載っている単語の数を調べると，下のようになりました。

64，62，68，76，59，72，75，82，62，69（単位：語）

(1) 無作為抽出した 10 ページを標本として，標本平均を求めなさい。

(2) (1)で求めた標本平均が母平均に等しいと考えて，この辞典に載っている見出しの単語の数を推定しなさい。ただし，千の位までの概数で答えなさい。

3 生徒の総数と毎日 1 時間以上自宅で勉強をしている生徒の数の割合を考える。

5 標本の平均値を標本平均といい，母集団の平均値を母平均という。

テストに出る！

章末予想問題　8章 標本調査

15分　/100点

1 次の調査では，全数調査と標本調査のどちらが適していますか。　5点×4〔20点〕

(1) 缶詰の品質調査　(2) 空港での手荷物検査

(3) あるクラスの出欠の調査　(4) 市長選挙での出口調査

2 ある都市の中学生全員から，350人を無作為抽出してアンケート調査を行うことになりました。　10点×3〔30点〕

(1) 母集団を答えなさい。　(2) 標本を答えなさい。

(3) 350人を無作為抽出する方法として正しいものを選び，記号で答えなさい。

㋐ テニス部に所属している中学生の中から，くじ引きで350人を選ぶ。
㋑ アンケートに答えたい中学生を募集し，先着順で350人を選ぶ。
㋒ 中学生全員に番号をつけ，乱数表を用いて350人を選ぶ。

3 箱の中に，赤，白の2色のチップが合わせて600枚入っています。この箱の中から60枚を無作為抽出し，それぞれの枚数を数えてもとにもどします。この実験を3回くりかえしたところ，右のような結果になりました。この結果をもとにして，箱の中の赤のチップの総数を推定しなさい。　〔25点〕

回数	1	2	3
赤	38	49	33
白	22	11	27

4 差がつく　袋の中に黒い碁石だけがたくさん入っています。同じ大きさの白い碁石60個をこの袋の中に入れ，よくかき混ぜた後，その中から40個の碁石を無作為抽出して調べたら，白い碁石が15個ふくまれていました。はじめに袋の中に入っていた黒い碁石の個数は，約何個と推定できますか。　〔25点〕

<table>
<tr><td rowspan="2">1</td><td>(1)</td><td>(2)</td></tr>
<tr><td>(3)</td><td>(4)</td></tr>
<tr><td>2</td><td>(1)</td><td>(2)</td><td>(3)</td></tr>
<tr><td>3</td><td></td></tr>
<tr><td>4</td><td></td></tr>
</table>

1 /20点	2 /30点	3 /25点	4 /25点

中間・期末の攻略本

取りはずして使えます!

解答と解説

学校図書版　数学3年

1章　式の計算

p.3 テスト対策問題

1 (1) $8a^2-6ab$　(2) $2x-3$

(3) $-3x^3+6x^2-3x$　(4) $25x-5y$

2 (1) $ab+ay-bx-xy$

(2) $3a^2-18a+15$

(3) $2x^2+x-6$

(4) $3a^2-11ab-42b^2$

(5) $ax-3bx+2x+4ay-12by+8y$

(6) $x^2-4y^2-3x+6y$

3 (1) $x^2+7x+10$　(2) $x^2+\frac{1}{12}x-\frac{1}{24}$

(3) $x^2+2xy+y^2$　(4) $a^2-\frac{2}{3}a+\frac{1}{9}$

(5) $49-x^2$　(6) $4x^2+4x-15$

(7) $a^2+2ab+b^2-4a-4b-12$

(8) $x^2-11x+38$

解説

1 (4) $(-20x^2+4xy)\div\left(-\frac{4}{5}x\right)$

$=-20x^2\times\left(-\frac{5}{4x}\right)+4xy\times\left(-\frac{5}{4x}\right)$

$=\frac{25x^2}{x}-5y=25x-5y$

2 (6) $(x+2y-3)(x-2y)$

$=x(x-2y)+2y(x-2y)-3(x-2y)$

$=x^2-2xy+2xy-4y^2-3x+6y$

$=x^2-4y^2-3x+6y$

3 (6) $(2x-3)(2x+5)$

$=(2x)^2+\{(-3)+5\}\times2x+(-3)\times5$

$=4x^2+4x-15$

(7) $a+b=M$ とおくと,

$(a+b-6)(a+b+2)$

$=(M-6)(M+2)$

$=M^2-4M-12$

$=(a+b)^2-4(a+b)-12$

$=a^2+2ab+b^2-4a-4b-12$

(8) $2(x-3)^2-(x+4)(x-5)$

$=2(x^2-6x+9)-(x^2-x-20)$

$=2x^2-12x+18-x^2+x+20$

$=x^2-11x+38$

p.4 予想問題

1 (1) $-15x^2+5xy$　(2) $x+3y$

(3) $10a^2+2a$　(4) $28a-24$

2 (1) $x^2+\frac{17}{12}x+\frac{1}{2}$　(2) $x^2-4x-32$

(3) $x^2+\frac{1}{4}x+\frac{1}{64}$　(4) $x^2-\frac{1}{25}$

3 (1) $9x^2+6x-8$

(2) $4a^2-20ab+25b^2$

(3) $16x^2+8x+1$

(4) $25a^2-9b^2$

(5) $x^2-2xy+y^2-9x+9y+20$

(6) $-13y^2+8xy$

(7) $4xy$

(8) $-a^2-2a-25$

解説

3 (4) $5a=A$, $3b=B$ とおくと,

$(5a+3b)(5a-3b)$

$=(A+B)(A-B)$

$=A^2-B^2$

$=(5a)^2-(3b)^2$

$=25a^2-9b^2$

(5) $x-y=M$ とおくと,

$(x-y-4)(x-y-5)$

$=(M-4)(M-5)$

$=M^2-9M+20$

$=(x-y)^2-9(x-y)+20$

$=x^2-2xy+y^2-9x+9y+20$

(6) $(2x-3y)(2x+3y)-4(x-y)^2$

$=(2x)^2-(3y)^2-4(x^2-2xy+y^2)$

$=4x^2-9y^2-4x^2+8xy-4y^2$

$=-13y^2+8xy$

(8) $(a-5)(5+a)-2a(a+1)$

$=(a-5)(a+5)-2a^2-2a$

$=a^2-25-2a^2-2a$

$=-a^2-2a-25$

p.6 テスト対策問題

1 (1) $x(x-4y+2)$ (2) $ab(3a+7b)$

2 (1) $(x-2)(x-8)$ (2) $(a+2)(a-4)$

(3) $(x-9)^2$ (4) $(7+x)(7-x)$

3 (1) $2(x+3)(x-4)$ (2) $(x+2)^2$

(3) $-4(a+b)^2$ (4) $(8a+3b)(8a-3b)$

4 (1) 9996 (2) 39601

5 道の面積 S は，

$S=(x+2z)(y+2z)-xy$

$=xy+2xz+2yz+4z^2-xy$

$=2xz+2yz+4z^2=z(2x+2y+4z)$ ①

また，道の中央を通る線の長さ ℓ は

$\ell=2x+2y+4z$ ②

したがって，①，②から $S=z\ell$

解説

3 (1) はじめに共通な因数をくくり出す。

$2x^2-2x-24$

$=2(x^2-x-12)$

$=2(x+3)(x-4)$

(2) $x+7=M$ とおくと，

$(x+7)^2-10(x+7)+25$

$=M^2-10M+25$

$=(M-5)^2=(x+7-5)^2$

$=(x+2)^2$

(4) $64a^2-9b^2=(8a)^2-(3b)^2$

$=(8a+3b)(8a-3b)$

4 (1) $102\times98=(100+2)\times(100-2)$

$=100^2-2^2$

$=10000-4=9996$

(2) $199^2=(200-1)^2$

$=200^2-2\times200\times1+1^2$

$=40000-400+1=39601$

5 道の端から端までの縦の長さは $(x+2z)$ m，横の長さは $(y+2z)$ m。

道の中央を通る線の縦の長さは $(x+z)$ m，横の長さは $(y+z)$ m だから，

$\ell=2(x+z)+2(y+z)$

p.7 予想問題

1 (1) $xy(3x+6y-1)$ (2) $2a(4a+2b+3)$

2 (1) $(x-3)(x-6)$ (2) $(a+4)(a-2)$

(3) $3a(x+6)(x-2)$ (4) $(2a+3b)^2$

(5) $\left(a+\dfrac{b}{5}\right)\left(a-\dfrac{b}{5}\right)$ (6) $(3+a)(x+y)$

(7) $(2-y)(5-y)$ (8) $(x-3)^2$

3 (1) 320 (2) 8.99

4 連続する 2 つの整数の小さい数を n とすると，大きい数は $n+1$ と表される。

大きい数の 2 乗から小さい数の 2 乗をひいた差は，$(n+1)^2-n^2=n^2+2n+1-n^2$

$=2n+1=(n+1)+n$

したがって，はじめの 2 つの数の和に等しくなる。

5 (1) 100 (2) 23

解説

2 (3) はじめに共通な因数をくくり出す。

$3ax^2+12ax-36a=3a(x^2+4x-12)$

$=3a(x+6)(x-2)$

(4) $4a^2+12ab+9b^2=(2a)^2+2\times(2a)\times3b+(3b)^2$

$=(2a+3b)^2$

(7) $2-y=M$ とおくと，

$(2-y)^2+3(2-y)=M^2+3M$

$=M(M+3)$

$=(2-y)(2-y+3)$

$=(2-y)(5-y)$

3 (1) $42^2-38^2=(42+38)\times(42-38)$

$=80\times4=320$

(2) $3.1\times2.9=(3+0.1)\times(3-0.1)$

$=3^2-0.1^2$

$=9-0.01=8.99$

5 (1) $x^2-4x+4=(x-2)^2$

x に 12 を代入して $(12-2)^2=10^2=100$

p.8～p.9 章末予想問題

1 (1) $-2x^2+6xy+8x$ (2) $-2a+\frac{3}{2}b$

2 (1) $xy-7x-4y+28$ (2) $6a^2+5ab-4b^2$

(3) $x^2-5x-24$ (4) $y^2-\frac{1}{2}y-\frac{3}{16}$

(5) $a^2-14a+49$ (6) $x^2-\frac{4}{9}$

3 (1) $16x^2+8x-15$ (2) $25a^2+20a-12$

(3) $x^2+2xy+y^2-2x-2y-24$

(4) $3x^2+6x+1$

4 (1) $2(2x^2-3y)$ (2) $(x+10)(x-2)$

(3) $(y-9)^2$ (4) $(x+9)(x-9)$

5 (1) $(2x-5y)^2$ (2) $\left(\frac{a}{2}+\frac{b}{3}\right)\left(\frac{a}{2}-\frac{b}{3}\right)$

(3) $(a+9)(a+7)$ (4) $(3x-1)(y-2)$

6 円の半径は，$\frac{2a+2b}{2}=a+b$ (cm)，

大きい方の半円の半径は，$\frac{2a}{2}=a$ (cm)，

小さい方の半円の半径は，$\frac{2b}{2}=b$ (cm)

よって，色のついた部分の面積Sは，

$S=\frac{1}{2}\pi(a+b)^2+\frac{1}{2}\pi a^2-\frac{1}{2}\pi b^2$

$=\frac{1}{2}\pi a^2+\pi ab+\frac{1}{2}\pi b^2+\frac{1}{2}\pi a^2-\frac{1}{2}\pi b^2$

$=\pi a^2+\pi ab=\pi a(a+b)$

解説

3 (1) $(4x-3)(4x+5)$

$=(4x)^2+\{(-3)+5\}\times 4x+(-3)\times 5$

$=16x^2+8x-15$

(2) $(-5a-6)(-5a+2)$

$=(-5a)^2+\{(-6)+2\}\times(-5a)+(-6)\times 2$

$=25a^2+20a-12$

(3) $x+y=M$ とおくと，

$(x+y+4)(x+y-6)$

$=(M+4)(M-6)$

$=M^2-2M-24$

$=(x+y)^2-2(x+y)-24$

$=x^2+2xy+y^2-2x-2y-24$

(4) $(2x+1)^2-x(x-2)$

$=(2x)^2+2\times 2x\times 1+1^2-x^2+2x$

$=4x^2+4x+1-x^2+2x$

$=3x^2+6x+1$

5 (1) $4x^2-20xy+25y^2$

$=(2x)^2-2\times 2x\times 5y+(5y)^2$

$=(2x-5y)^2$

(2) $\frac{a^2}{4}-\frac{b^2}{9}=\left(\frac{a}{2}\right)^2-\left(\frac{b}{3}\right)^2$

$=\left(\frac{a}{2}+\frac{b}{3}\right)\left(\frac{a}{2}-\frac{b}{3}\right)$

(4) $3xy-6x-y+2$

$=3x(y-2)-(y-2)$

$=(3x-1)(y-2)$

2章 平方根

p.11 テスト対策問題

1 (1) ① ± 2 ② $\pm\frac{5}{8}$

(2) ① $\pm\sqrt{17}$ ② $\pm\sqrt{0.7}$

(3) ① 10 ② -7

③ $\frac{4}{9}$ ④ 17

(4) ① 11 ② 18

③ 0.7 ④ $\frac{5}{11}$

2 (1) $\sqrt{18}>\sqrt{6}$ (2) $14>\sqrt{140}$

(3) $-\sqrt{21}>-\sqrt{23}$ (4) $\sqrt{7}<\sqrt{11}<8$

3 $\sqrt{7}$，$-\sqrt{18}$

解説

1 (1)，(2) ミス注意！ 正の数の平方根は，正と負の2つあるので，平方根を答えるときは，「±」の符号をつけ忘れないようにする。

(3) ④ $\sqrt{(-17)^2}=\sqrt{289}=17$

2 (4) $8=\sqrt{64}$

$7<11<64$ であるから，

$\sqrt{7}<\sqrt{11}<8$

3 分数で表せない数は，無理数である。

$\sqrt{25}=5$ だから，$\sqrt{25}$ は有理数。

p.12 予想問題

1 (1) 0 (2) ± 0.7 (3) $\pm\sqrt{\frac{5}{6}}$

2 (1) 3 (2) 0.64 (3) 1.2

3 (1) ± 3 (2) 10 (3) 7 (4) ○

4 (1) $-5<-\sqrt{24}$

(2) $-\sqrt{10}<-3<-\sqrt{8}$

5 A…$-\sqrt{10}$，B…$-\sqrt{6}$，C…$-\dfrac{7}{4}$，

D…$\sqrt{3}$，E…2.5

6 ㋑，㋖

解説

3 (1) 正の数には平方根が2つあり，絶対値が等しく，符号が異なる。

(2) $\sqrt{a}$ はaの平方根のうち，正の方である。

(3) $\sqrt{(-7)^2}=\sqrt{49}=\sqrt{7^2}=7$

(4) $-\sqrt{9}=-3$

$-3>-4$ であるから，

$-\sqrt{9}$ は -4 より大きい。

4 (2) $3=\sqrt{9}$　　$8<9<10$ より

$\sqrt{8}<3<\sqrt{10}$ であるから，

$-\sqrt{10}<-3<-\sqrt{8}$

p.14 テスト対策問題

1 (1) $\sqrt{39}$　(2) $\sqrt{6}$

2 (1) $\sqrt{28}$　(2) $\sqrt{50}$

3 (1) $3\sqrt{2}$　(2) $10\sqrt{5}$

4 (1) $\dfrac{\sqrt{6}}{3}$　(2) $\dfrac{6\sqrt{5}}{5}$

5 (1) 14.14　(2) 44.72　(3) 12.726

6 (1) $7\sqrt{3}$　(2) $5\sqrt{5}-2\sqrt{10}$

(3) $\dfrac{7\sqrt{5}}{5}$　(4) $\sqrt{7}+3$

(5) $21-4\sqrt{5}$　(6) 3

7 $4\sqrt{6}$

解説

1 (2) $\dfrac{\sqrt{150}}{\sqrt{25}}=\sqrt{\dfrac{150}{25}}=\sqrt{6}$

4 (2) $\dfrac{6}{\sqrt{5}}=\dfrac{6\times\sqrt{5}}{\sqrt{5}\times\sqrt{5}}=\dfrac{6\sqrt{5}}{5}$

5 (3) $\sqrt{162}=\sqrt{9^2\times2}=9\sqrt{2}$

$=9\times1.414=12.726$

6 (3) $\sqrt{20}-\dfrac{3}{\sqrt{5}}=2\sqrt{5}-\dfrac{3\sqrt{5}}{5}$

$=\dfrac{10\sqrt{5}-3\sqrt{5}}{5}=\dfrac{7\sqrt{5}}{5}$

(5) $(2\sqrt{5}-1)^2=(2\sqrt{5})^2-2\times2\sqrt{5}\times1+1^2$

$=20-4\sqrt{5}+1=21-4\sqrt{5}$

(6) $(\sqrt{6}+\sqrt{3})(\sqrt{6}-\sqrt{3})=(\sqrt{6})^2-(\sqrt{3})^2$

$=6-3=3$

7 $x^2-y^2=(x+y)(x-y)$ としてからx，yの値を代入する。

p.15 予想問題

1 (1) $3\sqrt{7}$　(2) $6\sqrt{3}$　(3) $12\sqrt{7}$

2 (1) $2\sqrt{6}$　(2) $\dfrac{\sqrt{5}}{2}$　(3) $3\sqrt{2}$

3 (1) 8　(2) $30\sqrt{2}$　(3) $-30\sqrt{2}$

(4) $\dfrac{1}{10}$　(5) $\sqrt{6}$　(6) $\dfrac{\sqrt{35}}{3}$

4 (1) 4.242　(2) 0.4472　(3) 5.656

5 (1) $-\sqrt{2}$　(2) $9\sqrt{2}-2\sqrt{3}$

6 (1) $5\sqrt{2}-6\sqrt{3}$　(2) 2

7 (1) 5　(2) $-5\sqrt{5}+5$

解説

1 (3) $6\sqrt{28}=6\times\sqrt{2^2\times7}=12\sqrt{7}$

2 (3) $\dfrac{36}{\sqrt{72}}=\dfrac{36}{\sqrt{6^2\times2}}=\dfrac{36}{6\sqrt{2}}=\dfrac{6}{\sqrt{2}}$

$=\dfrac{6\times\sqrt{2}}{\sqrt{2}\times\sqrt{2}}=\dfrac{6\sqrt{2}}{2}=3\sqrt{2}$

別解 $\dfrac{36}{\sqrt{72}}=\dfrac{36\times\sqrt{72}}{\sqrt{72}\times\sqrt{72}}=\dfrac{36\times\sqrt{6^2\times2}}{72}$

$=\dfrac{6\sqrt{2}}{2}=3\sqrt{2}$

3 (5) $4\sqrt{15}\div2\sqrt{10}=\dfrac{4\sqrt{15}}{2\sqrt{10}}=\dfrac{4\sqrt{15}\times\sqrt{10}}{2\sqrt{10}\times\sqrt{10}}$

$=\dfrac{4\times\sqrt{5^2\times6}}{20}=\dfrac{5\sqrt{6}}{5}=\sqrt{6}$

4 (2) $\sqrt{0.2}=\sqrt{\dfrac{20}{100}}=\dfrac{\sqrt{20}}{10}$ であるから，

$\sqrt{0.2}=\sqrt{20}\times\dfrac{1}{10}=4.472\times\dfrac{1}{10}=0.4472$

(3) $\dfrac{8}{\sqrt{2}}=\dfrac{8\times\sqrt{2}}{\sqrt{2}\times\sqrt{2}}=\dfrac{8\sqrt{2}}{2}=4\sqrt{2}$

$=4\times1.414=5.656$

6 (1) $\sqrt{6}\left(\dfrac{5}{\sqrt{3}}-3\sqrt{2}\right)=5\sqrt{2}-3\sqrt{12}$

$=5\sqrt{2}-6\sqrt{3}$

(2) $(\sqrt{7}+3)(3-\sqrt{7})=(3+\sqrt{7})(3-\sqrt{7})$

$=3^2-(\sqrt{7})^2=9-7=2$

7 (1) $a^2-8a+16$ を因数分解すると，

$a^2-8a+16=(a-4)^2$

これに $a=4-\sqrt{5}$ を代入して，

$(4-\sqrt{5}-4)^2=(-\sqrt{5})^2=5$

(2) a^2-3a-4 を因数分解すると

$a^2-3a-4=(a+1)(a-4)$

これに $a=4-\sqrt{5}$ を代入して

$(4-\sqrt{5}+1)(4-\sqrt{5}-4)=(5-\sqrt{5})\times(-\sqrt{5})$

$=-5\sqrt{5}+5$

p.16〜p.17 章末予想問題

1 (1) $\pm4\sqrt{2}$　(2) $-\frac{2}{3}$

(3) $-7<-3\sqrt{5}$　(4) $\frac{2\sqrt{7}-\sqrt{6}}{2}$

(5) ㋑, ㋒

2 (1) $\sqrt{21}$ cm

(2) $a=4,\ 5,\ 6,\ 7$

(3) $n=42$

3 (1) $6\sqrt{10}$　(2) $\sqrt{6}$

(3) $-\frac{24\sqrt{5}}{5}$　(4) $-5\sqrt{3}+3\sqrt{7}$

(5) $\frac{5\sqrt{2}}{4}$　(6) $18-2\sqrt{5}$

(7) $\frac{2\sqrt{14}}{7}$　(8) $2\sqrt{15}$

4 (1) $\frac{101}{10}a$　(2) $3\sqrt{5}$ cm

解説

2 (2) $(\sqrt{10})^2<a^2<(\sqrt{50})^2$ より $10<a^2<50$

(3) $168=2^3\times3\times7=2^2\times(2\times3\times7)$

4 (1) $\sqrt{700}+\sqrt{0.07}=10\sqrt{7}+\frac{\sqrt{7}}{10}=\frac{101}{10}\sqrt{7}$

(2) 正四角柱の底面の正方形の面積は

$450\div10=45\ (\text{cm}^2)$

3章　2次方程式

p.19 テスト対策問題

1 ㋐, ㋒, ㋓

2 (1) $x=3,\ x=-1$　(2) $x=0,\ x=-4$

(3) $x=1,\ x=2$　(4) $x=-2,\ x=3$

(5) $x=0,\ x=5$　(6) $x=3$

3 (1) $x=\pm\sqrt{3}$　(2) $x=\pm2\sqrt{2}$

(3) $x=-2,\ x=-8$　(4) $x=2\pm\sqrt{3}$

(5) $x=3\pm\sqrt{13}$　(6) $x=\frac{4\pm\sqrt{7}}{3}$

4 (1) $x=\frac{3\pm\sqrt{41}}{4}$　(2) $x=\frac{-3\pm2\sqrt{3}}{3}$

(3) $x=2,\ x=-\frac{3}{4}$　(4) $x=\frac{2}{3}$

5 (1) $x=-1,\ x=4$

(2) $x=-2,\ x=6$

解説

2 (3) $x^2-3x+2=0$

$(x-1)(x-2)=0$　$x=1,\ x=2$

3 (5) $x^2-6x=4$

$x^2-6x+\left(-\frac{6}{2}\right)^2=4+\left(-\frac{6}{2}\right)^2$

$x^2-6x+9=13$　$(x-3)^2=13$

$x-3=\pm\sqrt{13}$　$x=3\pm\sqrt{13}$

4 (2) $3x^2+6x-1=0$

$x=\frac{-6\pm\sqrt{6^2-4\times3\times(-1)}}{2\times3}$

$=\frac{-6\pm\sqrt{48}}{6}=\frac{-6\pm4\sqrt{3}}{6}=\frac{-3\pm2\sqrt{3}}{3}$

(3) $4x^2-5x-6=0$

$x=\frac{-(-5)\pm\sqrt{(-5)^2-4\times4\times(-6)}}{2\times4}$

$=\frac{5\pm\sqrt{121}}{8}=\frac{5\pm11}{8}$

$x=\frac{5+11}{8}=2,\ x=\frac{5-11}{8}=-\frac{3}{4}$

(4) $9x^2-12x+4=0$

$x=\frac{-(-12)\pm\sqrt{(-12)^2-4\times9\times4}}{2\times9}$

$=\frac{12\pm0}{18}=\frac{12}{18}=\frac{2}{3}$

5 (1) $x^2+4x+14=7x+18$

$x^2+4x+14-7x-18=0$　$x^2-3x-4=0$

$(x+1)(x-4)=0$　$x=-1,\ x=4$

(2) $(x-9)(x+5)=-33$

$x^2-4x-45+33=0$　$x^2-4x-12=0$

$(x+2)(x-6)=0$　$x=-2,\ x=6$

p.20 予想問題

1 (1) $x=4,\ x=8$　(2) $x=-4,\ x=-6$

(3) $x=\pm7$　(4) $x=11$

2 (1) $x=\pm\frac{3}{7}$　(2) $x=\frac{5}{2},\ -\frac{7}{2}$

(3) $x=-2\pm\sqrt{7}$　(4) $x=\pm\frac{2\sqrt{3}}{3}$

3 (1) $x=\frac{-5\pm\sqrt{33}}{4}$　(2) $x=1\pm\sqrt{6}$

(3) $x=-\frac{1}{2}$, $x=-\frac{3}{2}$

(4) $x=\frac{2\pm\sqrt{10}}{3}$

4 (1) $x=\pm\frac{\sqrt{30}}{6}$ (2) $x=-7$, $x=4$

(3) $x=-1$, $x=3$ (4) $x=\frac{3}{4}$, $x=-1$

5 $a=-17$, $x=9$

解説

3 (4) $4x+2=3x^2$ $3x^2-4x-2=0$

$x=\frac{-(-4)\pm\sqrt{(-4)^2-4\times3\times(-2)}}{2\times3}$

$=\frac{4\pm\sqrt{40}}{6}=\frac{4\pm2\sqrt{10}}{6}=\frac{2\pm\sqrt{10}}{3}$

4 (1) $x^2-\frac{5}{6}=0$ $x^2=\frac{5}{6}$

$x=\pm\sqrt{\frac{5}{6}}$ 分母を有理化して，$x=\pm\frac{\sqrt{30}}{6}$

(3) $\frac{x^2}{4}-\frac{x}{2}=\frac{3}{4}$ $x^2-2x=3$

$x^2-2x-3=0$ $(x+1)(x-3)=0$

$x=-1$, $x=3$

5 $x^2+ax+72=0$ の x に 8 を代入すると，

$8^2+8a+72=0$ $8a=-136$ $a=-17$

$x^2-17x+72=0$ $(x-8)(x-9)=0$

$x=8$, $x=9$ より，もう 1 つの解は $x=9$

p.22 テスト対策問題

1 -3 と 5

2 8 と 9，-7 と -6

3 15 cm

4 30 m

5 2 cm，6 cm

解説

1 ある整数を x とすると，$x^2=2x+15$

$x^2-2x-15=0$ $(x+3)(x-5)=0$

$x=-3$, $x=5$

2 小さい方の整数を x とすると，大きい方の整数は $x+1$ と表される。

$x(x+1)=x+(x+1)+55$

$x^2+x=x+x+1+55$

$x^2-x-56=0$ $(x+7)(x-8)=0$

$x=-7$, $x=8$

よって，小さい方の整数は -7 または 8

3 もとの厚紙の縦の長さを x cm とすると，直方体の容器の底面の縦の長さは $(x-10)$ cm，横の長さは $(x+15-10)$ cm，高さは 5 cm となるので，$5(x-10)(x+15-10)=500$

$5(x-10)(x+5)=500$ $(x-10)(x+5)=100$

$x^2-5x-50-100=0$ $x^2-5x-150=0$

$(x+10)(x-15)=0$ $x=-10$, $x=15$

$x>10$ であるから，$x=15$

4 もとの土地の 1 辺の長さを x m とすると，

$(x-8)(x+10)=880$

$x^2+2x-80-880=0$ $x^2+2x-960=0$

$(x+32)(x-30)=0$ $x=-32$, $x=30$

$x>8$ であるから，$x=30$

5 AP の長さを x cm とすると，PB=$(8-x)$ cm，BQ=x cm と表される。

△PBQ の面積が 6 cm^2 なので

$\frac{x(8-x)}{2}=6$ $8x-x^2=12$

$x^2-8x+12=0$ $(x-2)(x-6)=0$ $x=2$, $x=6$

p.23 予想問題

1 1，2，3 と -2，-1，0

2 8 と 14

3 20 cm

4 13 m

5 4 秒後

解説

1 中央の数を x とすると，もっとも小さい数は $x-1$，もっとも大きい数は $x+1$ と表される。

$(x-1)^2+(x+1)^2=2x+6$

$x^2-2x+1+x^2+2x+1=2x+6$

$2x^2-2x-4=0$ $x^2-x-2=0$

$(x+1)(x-2)=0$ $x=-1$, $x=2$

よって，中央の数は，-1 または 2

2 小さい方の自然数を x とすると，大きい方の自然数は $x+6$ と表される。

$x(x+6)=112$ $x^2+6x-112=0$

$(x+14)(x-8)=0$ $x=-14$, $x=8$

x は自然数であるから，$x=8$

3 もとの厚紙の 1 辺の長さを x cm とすると，

$4(x-8)^2=576$ $(x-8)^2=144$

$x-8=\pm12$ $x=20$, $x=-4$

$x>8$ であるから，$x=20$

4 全体の土地の1辺の長さを x m とすると，花だんの1辺の長さは $x-2\times2=x-4$ (m) と表される。
$(x-4)^2=81$　$x-4=\pm9$　$x=13$，$x=-5$
$x>4$ であるから，$x=13$

5 点P，Qが出発してから x 秒後の △PBQ の面積は $\dfrac{(12-x)^2}{2}$ cm²
△ABC の面積の $\dfrac{4}{9}$ は，$\dfrac{12^2}{2}\times\dfrac{4}{9}=32$ (cm²)
$\dfrac{(12-x)^2}{2}=32$ を解くと，$x=4$，$x=20$
$0\leqq x\leqq12$ であるから，$x=4$

p.24～p.25 章末予想問題

1 (1) -1，3　(2) -3，3

2 (1) $x=\pm4$　(2) $x=\pm2\sqrt{6}$
(3) $x=\dfrac{9\pm\sqrt{69}}{2}$　(4) $x=\dfrac{1\pm\sqrt{7}}{3}$
(5) $x=1$，$x=\dfrac{2}{5}$　(6) $x=3\pm\sqrt{13}$
(7) $x=2\pm\sqrt{5}$　(8) $x=-1\pm2\sqrt{5}$

3 (1) $x=-8$，$x=2$　(2) $x=7$
(3) $x=-3$，$x=10$　(4) $x=-2$，$x=9$

4 (1) $x=-5$，$x=4$　(2) $a=3$

5 3，4，5

6 1 m

7 2 cm と 4 cm

解説

4 (1) $x^2+x-20=0$　$(x+5)(x-4)=0$
$x=-5$，$x=4$
(2) 小さい方の解は $x=-5$ であるから
$x^2+ax-3a-1=0$ に代入して，
$(-5)^2+a\times(-5)-3a-1=0$
$25-5a-3a-1=0$　$-8a=-24$　$a=3$

5 連続する3つの自然数を $x-1$，x，$x+1$ とおく。
$(x-1)^2=x+(x+1)$ より，$x=0$，$x=4$
$x>1$ であるから，$x=4$

6 道の幅を x m とする。
$(5-x)(12-3x)=5\times12\times\dfrac{3}{5}$
これを解くと，$x=1$，$x=8$
$0<x<4$ であるから，$x=1$

7 PB の長さを x cm とすると，QC$=2x$ cm，
PC$=(6-x)$ cm，QD$=(12-2x)$ cm
$12\times6-\dfrac{12x}{2}-\dfrac{2x(6-x)}{2}-\dfrac{6(12-2x)}{2}=28$
これを解くと，$x=2$，$x=4$
$0\leqq x\leqq6$ であるから，どちらも問題に適している。

4章　関数 $y=ax^2$

p.27 テスト対策問題

1 (1) $y=3x$　×　(2) $y=\dfrac{1}{16}x^2$　○

2 (1) $y=-4x^2$　(2) $y=-36$
(3) $x=\pm4$

3

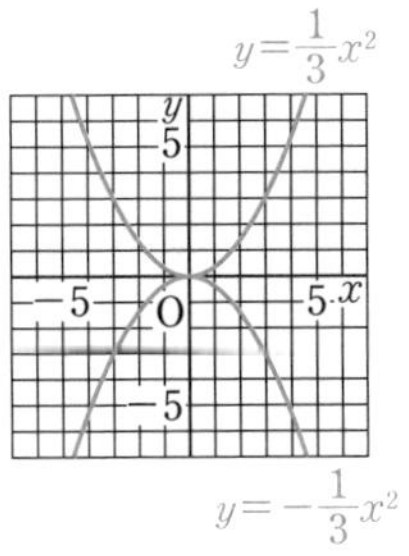

$y=\dfrac{1}{3}x^2$

$y=-\dfrac{1}{3}x^2$

4 (1) $\dfrac{1}{2}\leqq y\leqq\dfrac{9}{2}$　(2) $0\leqq y\leqq8$

5 (1) -21　(2) 27

解説

1 (1) $y=\dfrac{1}{2}\times x\times6=3x$ だから，y は x に比例する。
(2) 長さ x cm の針金を折り曲げてつくる正方形の1辺は $\dfrac{x}{4}$ cm となるので，面積は
$y=\left(\dfrac{x}{4}\right)^2$　$y=\dfrac{x^2}{16}=\dfrac{1}{16}x^2$

3 $y=\dfrac{1}{3}x^2$ の x，y の値は次のようになる。

x	…	-3	-2	-1	0	1	2	3	…
y	…	3	$\frac{4}{3}$	$\frac{1}{3}$	0	$\frac{1}{3}$	$\frac{4}{3}$	3	…

4 (1) x の変域が $-3\leqq x\leqq-1$ のとき，y は $x=-3$ で最大値，$x=-1$ で最小値をとる。
(2) x の変域が $-2\leqq x\leqq4$ のとき，y は $x=4$ で最大値，$x=0$ で最小値をとる。

5 (2) $\dfrac{-3\times(-3)^2-\{-3\times(-6)^2\}}{-3-(-6)}$
$=\dfrac{-27+108}{3}=27$

p.28 予想問題

1 (1)

x	-5	-2	0	$\frac{1}{3}$	3
y	$\frac{25}{2}$	2	0	$\frac{1}{18}$	$\frac{9}{2}$

(2)

x	$-\frac{1}{2}$	$-\frac{1}{4}$	0	2	3
y	$-\frac{3}{4}$	$-\frac{3}{16}$	0	-12	-27

2 (1) ㋑　(2) ㋐　(3) ㋒

3 (1) $3 \leqq y \leqq 48$　(2) $0 \leqq y \leqq 75$

4 (1) -2　(2) 3

5 (1) 2 m/s　(2) 3.6 m/s

解説

2 $y=ax^2$ のグラフは $a>0$ のときは上に，$a<0$ のときは下に開いた形になる。
a の絶対値が大きいほど，グラフの開き方は小さい。

3 (1) x の変域が $1 \leqq x \leqq 4$ のとき，
y は $x=1$ で最小値，$x=4$ で最大値をとる。

(2) x の変域が $-2 \leqq x \leqq 5$ のとき，
y は $x=0$ で最小値，$x=5$ で最大値をとる。

4 (2) $x=-8$ のとき，$y=-\frac{1}{4}\times(-8)^2=-16$

$x=-4$ のとき，$y=-\frac{1}{4}\times(-4)^2=-4$

したがって，変化の割合は，

$\frac{-4-(-16)}{-4-(-8)}=\frac{12}{4}=3$

5 (1) $\frac{0.4\times3^2-0.4\times2^2}{3-2}=2\,(\text{m/s})$

p.30 テスト対策問題

1 (1) $0 \leqq x \leqq 3$ のとき，$y=\frac{1}{2}x^2$

$3 \leqq x \leqq 6$ のとき，$y=3x-\frac{9}{2}$

(2) 4.5 cm $\left(\frac{9}{2}\text{ cm}\right)$

2 (1) $a=0.008\left(\frac{1}{125}\right)$　(2) 20 m

(3) 時速 40 km

3 (1) $y=\frac{1}{4}x^2$　(2) 6 秒

(3) 16 m

解説

1 (1) $0 \leqq x \leqq 3$ のとき，重なる部分は 1 辺 x cm の直角二等辺三角形だから，$y=\frac{1}{2}x^2$

$3 \leqq x \leqq 6$ のとき，重なる部分は
上底 $(x-3)$ cm，下底 x cm，高さ 3 cm の台形だから，$y=\frac{1}{2}\times\{(x-3)+x\}\times3=3x-\frac{9}{2}$

(2) $y=\frac{1}{2}x^2$ の y に 9 を代入すると $x=\pm3\sqrt{2}$

$0 \leqq x \leqq 3$ より，どちらも問題に適していない。

$y=3x-\frac{9}{2}$ の y に 9 を代入すると，$x=\frac{9}{2}$

$3 \leqq x \leqq 6$ より，問題に適している。

2 (3) $y=0.008x^2$ で y に 12.8 を代入すると，
$x=\pm40$　$x \geqq 0$ であるから，$x=40$

p.31 予想問題

1 (1) $y=x+4$

(2) 12

2 (1) $y=x^2$

$0 \leqq y \leqq 9$

(2) $y=3x$

$9 \leqq y \leqq 18$

3 (1)

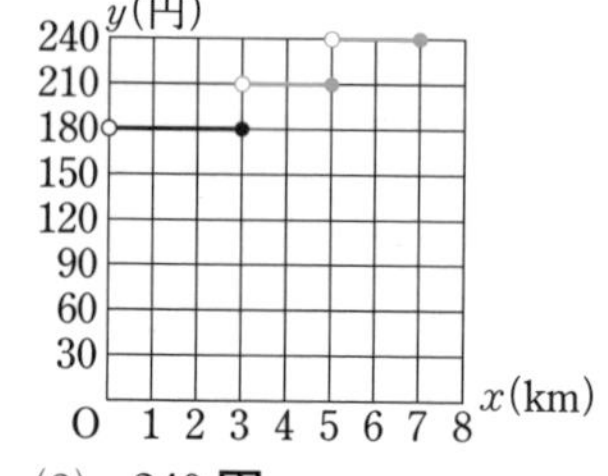

(2) 240 円

解説

1 (2) △OAB の面積＝△OAC の面積＋△OBC の面積
点 C は直線 AB 上で，$x=0$ の点であるから
y 座標は 4

△OAC の面積＝$\frac{1}{2}\times4\times2=4$

△OBC の面積＝$\frac{1}{2}\times4\times4=8$

△OAB の面積＝4＋8＝12

2 (1) x の変域が $0 \leqq x \leqq 3$ のとき，点 P は A から辺 AB の中点まで，点 Q は A から D まで動くから，△APQ の面積は

$y=\frac{1}{2}\times x\times2x$　$y=x^2$

このとき，y は $x=0$ で最小値，$x=3$ で最大値をとる。

(2) x の変域が $3 \leqq x \leqq 6$ のとき，点 P は，辺 AB の中点から B まで，点 Q は，D から C まで動くから，△APQ の面積は

$y=\frac{1}{2}\times x\times 6$　$y=3x$

このとき，y は $x=3$ で最小値，$x=6$ で最大値をとる。

p.32～p.33 章末予想問題

1 (1) $\boldsymbol{y=\frac{2}{3}x^2}$　(2) $\boldsymbol{y=24}$

(3) $\boldsymbol{x=\pm 9}$　(4) $\boldsymbol{-6}$

(5) $\boldsymbol{y=-\frac{2}{3}x^2}$

2 (1) ① $\boldsymbol{y=\frac{1}{3}x^2}$　② $\boldsymbol{y=-\frac{1}{2}x^2}$

(2) $\boldsymbol{b=12,\ c=\pm 9}$　(3) $\boldsymbol{-32\leqq y\leqq 0}$

3 (1) $\boldsymbol{a=\frac{1}{2}}$　(2) $\boldsymbol{a=2}$

4 (1) **4**　(2) $\boldsymbol{a=\frac{3}{4}}$

5 **運送会社B**

解説

3 (1) $x=-4$ のとき y は最大値 8 となる。
$y=ax^2$ に $x=-4$，$y=8$ を代入して
a の値を求める。

(2) $\frac{a\times 5^2-a\times 2^2}{5-2}=14$

$\frac{25a-4a}{3}=14$　$7a=14$　$a=2$

4 (1) BC＝AD であることを使う。

$y=-\frac{1}{4}\times 4^2=-4$ より，AD＝0－(－4)＝4

(2) 24÷4＝6　4－6＝－2 より，点B，C の x 座標は －2　また，$y=-\frac{1}{4}\times(-2)^2=-1$ より，点Cと x 軸の距離は 1 なので，点Bの y 座標は 4－1＝3

$y=ax^2$ に $x=-2$，$y=3$ を代入して

$3=a\times(-2)^2$　$a=\frac{3}{4}$

5 A…3000＋300×5＝4500 (円)
B…2800＋400×4＝4400 (円)

5章　相似な図形

p.35 テスト対策問題

1 (1) **2：3**　(2) **8 cm**

(3) **70°**

2 (1) **△ABC∽△EDF**

(2) **2組の辺の比とその間の角がそれぞれ等しい。**

3 (1) **△ABC と △AED において，**
仮定から，∠ABC＝∠AED　……①
また，　∠A は共通　……②
①，②より，2組の角がそれぞれ等しいから，△ABC∽△AED

(2) **5 cm**

4 **35 m**

解説

3 (2) △ABC と △AED の相似比は
(8＋4)：6＝2：1 だから
10：DE＝2：1　2DE＝10　DE＝5 cm

4 7×500＝3500 (cm)＝35 (m)

p.36 予想問題 ❶

1 **下の図**

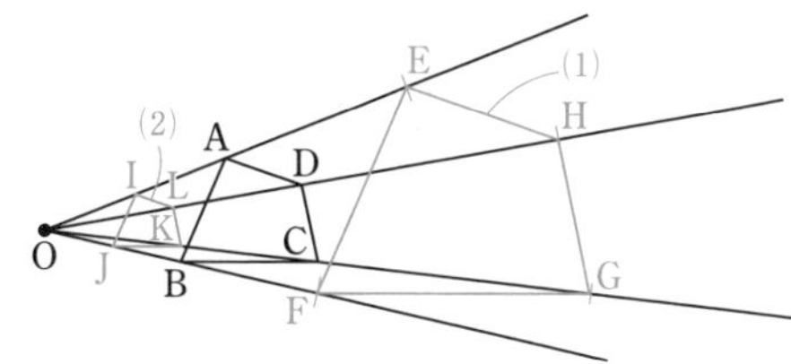

2 **㋐，㋒**

3 (1) **4：3**　(2) **8 cm**

4 **㋐と㋓　条件…2組の角がそれぞれ等しい。**
㋑と㋗　条件…3組の辺の比がすべて等しい。
㋒と㋔　条件…2組の辺の比とその間の角がそれぞれ等しい。

解説

3 (2) AC：6＝4：3　3AC＝24　AC＝8 cm

4 三角形の相似条件にあわせて分類してから，それぞれの相似条件にあてはまるかを調べる。

p.37 予想問題 ❷

1 (1) **△ABC∽△AED**
条件…2組の角がそれぞれ等しい。

(2) **△ABC∽△DEC**
条件…2組の辺の比とその間の角がそれぞれ等しい。

2 (1) △ABD と △ACE において，
$\angle ADB = 180^\circ - \angle BDC$
$\angle AEC = 180^\circ - \angle BEC$
$\angle BDC = \angle BEC$ より，
$\angle ADB = \angle AEC$ ……①
また，∠A は共通 ……②
①，②より，2 組の角がそれぞれ等しいから，△ABD∽△ACE

(2) $\dfrac{18}{5}$ cm

3 約 13.1 m

4 (1) 2.56×10^4 m，誤差…50 m 以下

(2) $1.81\times\dfrac{1}{10}$ g，誤差…0.0005 g 以下

(3) 8.01×10^3 km，誤差…5 km 以下

解説

2 (2) AE＝6÷2＝3 (cm)
△ABD∽△ACE より，AB：AC＝AD：AE
6：5＝AD：3　$AD = 6\times3\div5 = \dfrac{18}{5}$ (cm)

3 例えば $\dfrac{1}{400}$ の縮図をかくと，
$BC = 20\times\dfrac{1}{400} = 0.05$ (m)＝5 (cm)
このとき，AC の長さを測ると約 2.9 cm となるから，
2.9×400＝1160 (cm)＝11.6 (m)
木の高さは 11.6＋1.5＝13.1 (m)
ミス注意！ 目の高さを加えるのを忘れないようにする。

4 (1) 真の値を a m とすると，
$25550 \leqq a < 25650$ なので，誤差の絶対値は 50 m 以下となる。

p.39 テスト対策問題

1 (1) $x=3,\ y=5$　(2) $x=14,\ y=12$

2 (1) $x=\dfrac{45}{2}$　(2) $x=\dfrac{54}{5}$

3 線分 PQ

4 20 cm

5 △ABC において，点 P，Q はそれぞれ辺 AB，BC の中点であるから，
PQ∥AC，$PQ=\dfrac{1}{2}AC$ …①
△ADC において，同様にして，
SR∥AC，$SR=\dfrac{1}{2}AC$ …②
①，②から，PQ∥SR，PQ＝SR
1 組の対辺が平行で等しいから，
四角形 PQRS は平行四辺形である。

解説

2 (2) 18：x＝15：9　$15x=18\times9$　$x=\dfrac{54}{5}$

3 BP：PA＝16：8＝2：1，
BQ：QC＝20：10＝2：1 より，PQ∥AC

4 中点連結定理より，
$DE=\dfrac{1}{2}AC=\dfrac{1}{2}\times11=\dfrac{11}{2}$ (cm)
同様にして，$EF=\dfrac{15}{2}$ cm，FD＝7 cm
$\dfrac{11}{2}+\dfrac{15}{2}+7=20$ (cm)

p.40 予想問題

1 (1) $x=9,\ y=8$　(2) $x=6,\ y=3$

2 (1) $x=12.8$　(2) $x=2.5$

3 (1) 2：3　(2) $\dfrac{24}{5}$ cm

4 (1) 4 cm　(2) 11 cm

5 △DAB において，点 F，G はそれぞれ辺 AD，対角線 BD の中点であるから，
FG∥AB，$FG=\dfrac{1}{2}AB$
△CAB においても同様にして，
HE∥AB，$HE=\dfrac{1}{2}AB$
したがって，FG∥HE，FG＝HE
1 組の対辺が平行で等しいから，四角形 FGEH は平行四辺形である。

解説

2 (2) $(12.5-x):x=8:2$　$8x=2(12.5-x)$
$10x=25$　$x=2.5$

3 (1) BP：PC＝AB：CD＝8：12＝2：3
(2) BP：BC＝2：(2＋3)＝2：5 より，
$PQ=\dfrac{2}{5}CD=\dfrac{2}{5}\times12=\dfrac{24}{5}$ (cm)

p.42 テスト対策問題

1 (1) 4：3　(2) 16：9

2 (1) **4：5**　(2) **81 cm^2**
3 (1) **9：16**　(2) **27：64**
4 (1) **52 cm^2**　(2) **384 cm^3**

解説

1 (1) 相似比は，12：9＝4：3
円周の長さの比は，
2×π×12：2×π×9＝12：9＝4：3
別解 周の長さの比が相似比に等しいことを利用して解いてもよい。

2 (1) △ADO∽△CBO で，面積比が
16：25＝4^2：5^2 より，相似比は 4：5
(2) △ABO と △ADO について，底辺をそれぞれ BO，DO とすると，高さは等しいので，
△ABO：△ADO＝BO：DO＝5：4
△ABO＝16×$\frac{5}{4}$＝20 (cm^2)
同様にして △CDO＝20 cm^2
台形 ABCD の面積は，
16＋20＋20＋25＝81 (cm^2)

4 (1) 相似比は 4：8＝1：2 より，
表面積比は 1^2：2^2＝1：4
Pの表面積を x cm^2 とすると，
x：208＝1：4　x＝208×$\frac{1}{4}$＝52 (cm^2)

p.43 予想問題

1 (1) **21 cm**　(2) **12 cm^2**
2 (1) **243 cm^2**　(2) **64 cm^2**　(3) **130 cm^2**
3 (1) **3：4**　(2) **320 cm^3**
4 (1) **$\frac{64}{125}$倍**　(2) **305 cm^3**

解説

2 △APR と △AQS と △ABC は相似であり，
その相似比は，1：2：3
面積比は，1^2：2^2：3^2＝1：4：9
(1) 27×9＝243 (cm^2)
(2) 144×$\frac{4}{9}$＝64 (cm^2)
(3) 四角形 PQSR：四角形 QBCS
＝(4−1)：(9−4)＝3：5 より，
78×$\frac{5}{3}$＝130 (cm^2)

4 (1) 水の部分と容器の相似比は
16：20＝4：5 だから，体積比は
4^3：5^3＝64：125
(2) 容器の容積は，320×$\frac{125}{64}$＝625 (cm^3)
625−320＝305 (cm^3)

p.44～p.45 章末予想問題

1 (1) **△ABC∽△ACD**
2 組の角がそれぞれ等しい。
x＝12
(2) **△ABC∽△DAC**
2 組の辺の比とその間の角がそれぞれ等しい。
x＝10
(3) **△ABC∽△DAC (または，△DBA)**
2 組の角がそれぞれ等しい。
x＝$\frac{24}{5}$

2 **△APQ と △DQC において，**
∠A＝∠D＝90°　…①
∠AQP＋∠QPA＝90°　…②
∠AQP＋∠PQC＋∠CQD＝180° より
∠AQP＋∠CQD＝90°　…③
②，③から ∠QPA＝∠CQD　…④
①，④より，2 組の角がそれぞれ等しいから，
△APQ∽△DQC

3 **9 cm**

4 (1) **x＝8，y＝$\frac{25}{2}$**
(2) **x＝$\frac{35}{4}$，y＝$\frac{49}{4}$**

5 **AD∥EC より，**
∠BAD＝∠AEC，∠DAC＝∠ACE
∠BAD＝∠DAC であるから，
∠AEC＝∠ACE より，AE＝AC
AD∥EC より，BA：AE＝BD：DC
したがって，AB：AC＝BD：DC

6 (1) **1：9**　(2) **1：7：19**

解説

3 △ACE において，中点連結定理より，
EC＝2DF＝2×3＝6 (cm)
また，EC∥DF より，EC∥DG
△BDG において EC：DG＝BE：BD＝1：2
DG＝2EC＝2×6＝12 (cm)
FG＝DG−DF＝12−3＝9 (cm)

4 (1) AE：EB＝DF：FC＝2：3 より,

$5:(y-5)=2:3 \quad y=\frac{25}{2}$

対角線 AC と線分 EF の交点を G とすると,

$EG=14\times\frac{2}{2+3}=\frac{28}{5}$ (cm)

$GF=4\times\frac{3}{2+3}=\frac{12}{5}$ (cm)

$x=EG+GF=\frac{28}{5}+\frac{12}{5}=8$

(2) AE：CE＝AD：CB＝5：7

EF：AD＝CE：CA＝7：(7＋5)＝7：12

$x=15\times\frac{7}{12}=\frac{35}{4}$

CF：CD＝CE：CA＝7：12

$y=21\times\frac{7}{12}=\frac{49}{4}$

6 (2) 立体 P, P＋Q, P＋Q＋R の相似比は,

1：2：3

これら 3 つの立体の体積比は

$1^3:2^3:3^3=1:8:27$ なので, 立体 P, Q, R の体積比は, 1：(8−1)：(27−8)＝1：7：19

6章 円

p.47 テスト対策問題

1 (1) $\angle x=54°$ (2) $\angle x=59°$

(3) $\angle x=230°$ (4) $\angle x=24°$

2 (1) $\angle x=54°$ (2) $\angle x=15°$

3 (1) $\angle x=52°$ (2) $\angle y=104°$

4 ㋐, ㋒

解説

1 (2) 360°−242°＝118°

$\angle x=\frac{1}{2}\times118°=59°$

(3) $\angle x=2\times115°=230°$

2 (1) $\angle x=180°-(36°+90°)=54°$

(2) $\angle x=90°-75°=15°$

3 (1) $\overset{\frown}{CD}=\overset{\frown}{AB}$ より, ∠CAD＝∠ACB＝52°

(2) $\overset{\frown}{AB}$ に対する円周角なので,

∠ADB＝∠ACB＝52°

△ADE の外角なので, $\angle y=52°+52°=104°$

4 ㋒…∠ABD＝97°−65°＝32° であるから,

∠ABD＝∠ACD が成り立つ。

p.48 予想問題

1 (1) $\angle x=100°$ (2) $\angle x=60°$

(3) $\angle x=112°$ (4) $\angle x=100°$

(5) $\angle x=53°$ (6) $\angle x=116°$

(7) $\angle x=23°$ (8) $\angle x=57°$

(9) $\angle x=25°$

2 (1) $x=5$ (2) $x=15$

3 (1) $\angle x=26°$ (2) $\angle y=54°$

解説

1 (6) $\angle x=\frac{1}{2}(52°+180°)=116°$

(8) $\angle x=\angle BAC=180°-(90°+33°)=57°$

(9) ∠ADC＝90°, ∠BDC＝∠BAC＝65° より,

$\angle x=90°-65°=25°$

3 (1) $\angle x=52°-26°=26°$

(2) ∠ADB＝∠ACB＝26° より, 4 点 A, B, C, D は 1 つの円周上にある。

よって,

$\angle y=\angle ABD=180°-(74°+26°+26°)=54°$

p.50 テスト対策問題

1 △ABE と △ACD において,

$\overset{\frown}{AD}$ に対する円周角は等しいから,

∠ABE＝∠ACD …①

$\overset{\frown}{BC}=\overset{\frown}{CD}$ より, 等しい弧に対する円周角は等しいから,

∠BAE＝∠CAD …②

①, ②より, 2 組の角がそれぞれ等しいから,

△ABE∽△ACD

2 (1) △ABP と △BCP において,

∠P は共通 …①

円の接線は接点を通る半径に垂直なので,

∠ABP＝90° …②

また, 半円の弧に対する円周角は 90° なので,

∠ACB＝90°

よって, ∠BCP＝180°−∠ACB

＝180°−90°

＝90° …③

②, ③より, ∠ABP＝∠BCP …④

①, ④より, 2 組の角がそれぞれ等しいから,

△ABP∽△BCP

(2) 8 cm

3

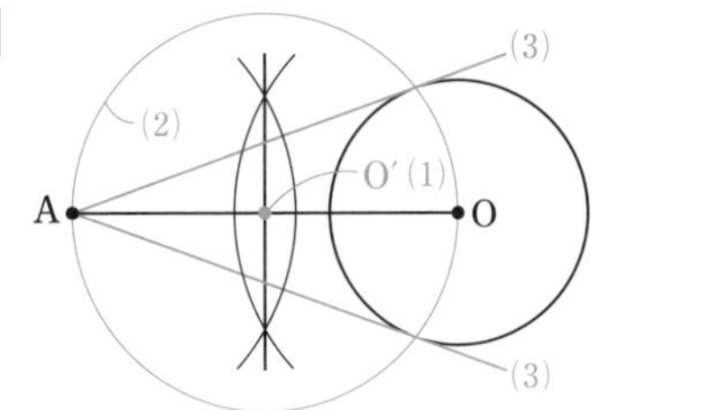

解説

2 (2) (1)より，BP：CP＝AP：BP
$BP^2=4\times(12+4)=4\times16=64$
BP＞0 であるから，BP＝8 cm

3 (3) (2)でかいた円 O′ と円 O との 2 つの交点を P，P′ とすると，AO は直径だから，∠APO＝∠AP′O＝90° となり，直線 AP，AP′ は円 O の接線であることがわかる。

p.51 予想問題

1 (1) △PAD と △PCB において，
$\overset{\frown}{AC}$ に対する円周角は等しいから，
∠PDA＝∠PBC ……①
∠P は共通 ……②
①，②より，2 組の角がそれぞれ等しいから，△PAD∽△PCB

(2) (1)より，△PAD∽△PCB
相似な図形では，それぞれの図形を構成する辺の長さの比が等しい。
したがって，PA：PD＝PC：PB

(3) 19 cm

2 △ABE と △BDE において，
∠E は共通 ……①
仮定から，
∠BAE＝∠EAC ……②
$\overset{\frown}{EC}$ に対する円周角は等しいから，
∠EAC＝∠DBE ……③
②，③より，
∠BAE＝∠DBE ……④
①，④より，2 組の角がそれぞれ等しいから，
△ABE∽△BDE

3 平行四辺形の対角は等しいから，
∠ABC＝∠D …①
$\overset{\frown}{AC}$ に対する円周角は等しいから，
∠ABC＝∠AED …②
①，②より，∠D＝∠AED
よって，AD＝AE
仮定より，AE＝DE だから，AD＝AE＝DE
よって，△ADE は正三角形である。

4 O と A，O と P，O と P′ を結ぶ。
△OAP と △OAP′ において，
AP，AP′ は円 O の接線だから，
∠APO＝∠AP′O＝90° ……①
円 O の半径だから，OP＝OP′ ……②
また，OA は共通 ……③
①，②，③より，直角三角形で斜辺と他の 1 辺がそれぞれ等しいから，
△OAP≡△OAP′
対応する辺の長さは等しいから，AP＝AP′

解説

1 (3) (2)より，6：PD＝5：20 PD＝24 cm
CD＝PD－PC＝24－5＝19 (cm)

p.52～p.53 章末予想問題

1 (1) $\angle x=118°$ (2) $\angle x=26°$
(3) $\angle x=38°$ (4) $\angle x=53°$
(5) $\angle x=24°$ (6) $\angle x=25°$

2 (1) $\angle x=45°$，$\angle y=112.5°$
(2) $\angle x=40°$，$\angle y=30°$

3 (1) 12 cm (2) 12 cm

4 平行四辺形の対角は等しいから，
∠BAD＝∠BCD
また，折り返した角であるから，
∠BCD＝∠BPD
よって，∠BAD＝∠BPD より，4 点 A，B，D，P は 1 つの円周上にある。
したがって，$\overset{\frown}{AP}$ に対する円周角は等しいから，
∠ABP＝∠ADP

5 (1) △ADB と △ABE において，
∠BAD＝∠EAB (共通) ……①
AB＝AC より，
∠ABE＝∠ACB ……②
$\overset{\frown}{AB}$ に対する円周角は等しいから，
∠ACB＝∠ADB ……③
②，③より，∠ADB＝∠ABE ……④
①，④より，2 組の角がそれぞれ等しい

から，
$\triangle ADB \backsim \triangle ABE$

(2) **6 cm**

解説

1 (4) $\angle BAC=91°-72°=19°$
$\overset{\frown}{BC}$ に対する円周角より，$\angle BDE=\angle BAC$
$\angle BDE=19°$
$\angle x=72°-19°=53°$

2 (1) A～Hは円周を8等分する点だから，8等分した1つ分の弧に対する円周角は，
$\frac{1}{2}\times\left(\frac{1}{8}\times 360°\right)=22.5°$
よって，$\angle x=2\times 22.5°=45°$
$\angle DAG=3\times 22.5°=67.5°$ より，
$\angle y=45°+67.5°=112.5°$

(2) $\triangle ACD$ に注目すると，
$\angle x=180°-(90°+50°)=40°$
$\angle DEB=\angle DCB=20°$ より，
4点D，B，C，Eは1つの円周上にある。
よって，$\angle BEC=\angle BDC=90°$ より，
$\triangle CDE$ に注目して，
$\angle y=180°-(20°+90°+40°)=30°$

3 (1) $BP=x$ cm とすると，$AP=AR=16$ cm，
$BP=BQ=CQ=CR=x$ cm であるから，
$16\times 2+4x=56$　$x=6$
$BC=2x=12$ (cm)

(2) $AP=3a$ cm，$BP=2a$ cm とおくと，
$3a\times 2+2a\times 4=56$　$14a=56$　$a=4$
よって，$AP=3\times 4=12$ (cm)

5 (2) $\triangle ADB \backsim \triangle ABE$ より，
$AB:AE=AD:AB$　$AB:9=4:AB$
$AB^2=36$　$AB=\pm 6$　$AB>0$ であるから，
$AB=6$ cm

7章　三平方の定理

p.55 テスト対策問題

1 (1) $x=10$　(2) $x=12$
(3) $x=5$　(4) $x=6$
(5) $x=15$　(6) $x=2\sqrt{41}$

2 (1) $2\sqrt{5}$ cm　(2) $2\sqrt{21}$ cm

3 (1) ×　(2) ○　(3) ○　(4) ○
(5) ×　(6) ○

4 $AB^2+BC^2=20^2+21^2=400+441=841$
$CA^2=29^2=841$
したがって，$AB^2+BC^2=CA^2$ が成り立つから，$\triangle ABC$ は $\angle B=90°$ の直角三角形である。

解説

2 (1) $\triangle ACD$ に着目して求める。
(2) (1)で求めたADの長さを使って，$\triangle ABD$ に着目して求める。

3 (1) $4^2+8^2=80$，$9^2=81$
(2) $12^2+16^2=400$，$20^2=400$
(3) $(\sqrt{3})^2+(\sqrt{7})^2=10$，$(\sqrt{10})^2=10$
(4) $1^2+(\sqrt{3})^2=4$，$2^2=4$
(5) $(\sqrt{10})^2+(3\sqrt{3})^2=37$，$6^2=36$
(6) $(3\sqrt{2})^2+(3\sqrt{6})^2=72$，$(6\sqrt{2})^2=72$

p.56 予想問題

1 ① $(a+b)^2$　② $\frac{1}{2}ab$
③ a^2+b^2　④ c^2

2 ア…$2\sqrt{2}$，イ…$2\sqrt{2}$，ウ…8，エ…5

3 (1) $x^2=16-a^2$，$x^2=-a^2+10a-16$
(2) $a=\frac{16}{5}$　(3) $x=\frac{12}{5}$

4 (1) $\triangle ABC$ において，三平方の定理より，
$AC^2=8^2+12^2=208$
また，$AD^2+DC^2=(6\sqrt{3})^2+10^2=208$
したがって，$AD^2+DC^2=AC^2$ が成り立つから，$\triangle ADC$ は $\angle ADC=90°$ の直角三角形である。
(2) $(30\sqrt{3}+48)$ cm^2

解説

3 (1) $\triangle ABD$ で，$x^2+a^2=4^2$　$x^2=16-a^2$
$\triangle ACD$ で，$x^2+(5-a)^2=3^2$
$x^2=9-(5-a)^2$

(2) (1)から，$16-a^2=-a^2+10a-16$
$10a=32$　$a=\frac{16}{5}$

(3) $x^2=16-\left(\frac{16}{5}\right)^2=\frac{144}{25}$
$x>0$ であるから，$x=\frac{12}{5}$

4 (2) $\frac{1}{2}\times 6\sqrt{3}\times 10+\frac{1}{2}\times 8\times 12$
$=30\sqrt{3}+48$ (cm^2)

p.58 テスト対策問題

1 (1) $x=5$, $y=5\sqrt{2}$ (2) $x=2\sqrt{3}$, $y=2$

2 (1) 高さ…$6\sqrt{3}$ cm, 面積…$36\sqrt{3}$ cm^2

(2) $8\sqrt{2}$ cm

3 (1) $x=4\sqrt{5}$ (2) $x=2\sqrt{10}$

4 (1) $2\sqrt{17}$ (2) $\sqrt{74}$

5 (1) $10\sqrt{2}$ cm (2) $5\sqrt{3}$ cm

解説

1 (1) $5:y=1:\sqrt{2}$ $y=5\sqrt{2}$

(2) $4:x=2:\sqrt{3}$ $x=2\sqrt{3}$

$4:y=2:1$ $y=2$

4 (1) $\sqrt{\{3-(-5)\}^2+(4-2)^2}=\sqrt{8^2+2^2}$

$=\sqrt{68}=2\sqrt{17}$

(2) $\sqrt{\{3-(-2)\}^2+\{3-(-4)\}^2}=\sqrt{5^2+7^2}$

$=\sqrt{74}$

5 (1) $\sqrt{8^2+10^2+6^2}=\sqrt{200}=10\sqrt{2}$ (cm)

(2) $\sqrt{3}\times5=5\sqrt{3}$ (cm)

別解 $\sqrt{5^2+5^2+5^2}=\sqrt{75}=5\sqrt{3}$ (cm)

p.59 予想問題

1 (1) $x=6$, $y=2\sqrt{3}$, $z=4\sqrt{3}$

(2) $x=3\sqrt{3}$, $y=3\sqrt{3}$, $z=3\sqrt{6}$

2 $5\sqrt{2}$

3 (1) $3\sqrt{3}$ cm (2) $9\sqrt{3}\pi$ cm^3

4 (1) $3\sqrt{14}$ cm (2) $36\sqrt{14}$ cm^3

(3) $(36\sqrt{15}+36)$ cm^2

解説

2 点Aについて, $-4=-x^2$ $x^2=4$

$x<0$ であるから, $x=-2$

点Bについて, $-9=-x^2$ $x^2=9$

$x>0$ であるから, $x=3$

$AB=\sqrt{\{3-(-2)\}^2+\{(-4)-(-9)\}^2}$

$=\sqrt{25+25}=5\sqrt{2}$

3 (1) $AO=\sqrt{6^2-3^2}=\sqrt{27}=3\sqrt{3}$ (cm)

(2) $\frac{1}{3}\times(\pi\times3^2)\times3\sqrt{3}=9\sqrt{3}\pi$ (cm^3)

4 (1) $AC=6\sqrt{2}$ cm より,

$AH=6\sqrt{2}\div2=3\sqrt{2}$ (cm)

$\triangle OAH$ で, $OH^2=12^2-(3\sqrt{2})^2=126$

$OH>0$ であるから, $OH=\sqrt{126}=3\sqrt{14}$ (cm)

(2) $\frac{1}{3}\times6^2\times3\sqrt{14}=36\sqrt{14}$ (cm^3)

(3) 辺ABの中点をMとすると,

$OM^2=OA^2-AM^2=12^2-(6\div2)^2=135$

$OM>0$ であるから, $OM=3\sqrt{15}$ cm

表面積は, $\frac{1}{2}\times6\times3\sqrt{15}\times4+6\times6$

$=36\sqrt{15}+36$ (cm^2)

p.60～p.61 章末予想問題

1 (1) $x=9$ (2) $x=7$ (3) $x=2\sqrt{3}$

2 (1) 12 cm (2) 84 cm^2

3 (1) $2\sqrt{26}$

(2) $\angle A=90°$ の直角二等辺三角形

4 (1) $6\sqrt{6}$ cm (2) $12\sqrt{2}$ cm

5 (1) $\triangle ADQ$ と $\triangle QCP$ において,

長方形の1つの角なので,

$\angle ADQ=\angle QCP=90°$ …①

$\angle AQD+\angle AQP+\angle CQP=180°$ より,

$\angle AQD+\angle CQP=90°$ …②

また, $\angle DAQ+\angle ADQ+\angle AQD=180°$ より,

$\angle DAQ+\angle AQD=90°$ …③

②, ③ より, $\angle DAQ=\angle CQP$ …④

①, ④ より, 2組の角がそれぞれ等しいから,

$\triangle ADQ\backsim\triangle QCP$

(2) $5\sqrt{5}$ cm

6 (1) $\frac{5}{2}$ cm (2) $\frac{13}{2}$ cm

7 (1) $\triangle ABD$ と $\triangle HCD$ において,

$\overset{\frown}{AD}$ に対する円周角は等しいから,

$\angle ABD=\angle HCD$ …①

半円の弧に対する円周角より,

$\angle BAD=90°$ …②

仮定より, $\angle CHD=90°$ …③

②, ③より, $\angle BAD=\angle CHD$ …④

①, ④より, 2組の角がそれぞれ等しいから,

$\triangle ABD\backsim\triangle HCD$

(2) $(8\sqrt{2}+3)$ cm

解説

2 (1) $BH=x$ cm として, AH^2 を2通りに表す。

$AH^2=15^2-x^2=225-x^2$
$AH^2=13^2-(14-x)^2=-x^2+28x-27$
したがって，$225-x^2=-x^2+28x-27$
$28x=252$　$x=9$ より，
$AH=\sqrt{15^2-9^2}=\sqrt{144}=12$ (cm)

(2) $\frac{1}{2}\times14\times12=84$ (cm^2)

3 (1) $BC=\sqrt{\{6-(-4)\}^2+\{-2-(-4)\}^2}$
$=\sqrt{104}=2\sqrt{26}$

(2) $AB=CA=2\sqrt{13}$ であり，
$AB^2+CA^2=BC^2$ が成り立つから，△ABC は ∠A=90° の直角二等辺三角形である。

4 (1) $\sqrt{6^2+12^2+6^2}=\sqrt{216}=6\sqrt{6}$ (cm)

(2) 長方形 ABCD，BFGC をつなげてかいた展開図の一部において，線分 AG の長さになる。
$\sqrt{(6+6)^2+12^2}=\sqrt{12^2\times2}=12\sqrt{2}$ (cm)

5 (2) $DQ=\sqrt{10^2-8^2}=6$ (cm)
$QC=10-6=4$ (cm)
(1)より △ADQ∽△QCP だから，
AD：QC=AQ：QP
8：4=10：QP　　QP=5 cm
$AP=\sqrt{10^2+5^2}=5\sqrt{5}$ (cm)

6 (1) AF=x cm とすると，DF=$(9-x)$ cm
AD∥BC より，∠FDB=∠DBC　……①
折り返した角だから，
∠FBD=∠DBC　……②
①，②より，∠FDB=∠FBD だから △FBD は二等辺三角形とわかるので，
BF=DF=$(9-x)$ cm
△ABF において，$x^2+6^2=(9-x)^2$
$x=\frac{5}{2}$

(2) $BF=DF=9-\frac{5}{2}=\frac{13}{2}$ (cm)

7 (2) △ABD∽△HCD より，
AD：HD=BD：CD
$HD=12\times5\div(7.5\times2)=4$ (cm)
$CH^2=5^2-4^2=25-16=9$
CH>0 であるから，CH=3 cm
$AH^2=12^2-4^2=144-16=128$
AH>0 であるから，$AH=8\sqrt{2}$ cm
よって，$AC=(8\sqrt{2}+3)$ cm

8章　標本調査

p.63 予想問題

1 (1) **全数調査**　(2) **標本調査**
(3) **標本調査**　(4) **標本調査**

2 **㋑**

3 **約 48 人**

4 **約 2400 匹**

5 (1) **68.9 語**　(2) **約 62000 語**

解説

2 ㋐や㋒の方法だと，標本の選び方にかたよりが出るので不適切である。

3 $320\times\frac{6}{40}=48$ (人)

4 ポイント　池にいる魚の数を x 匹とおいて，比例式をつくる。
x：300=240：30
$30x=300\times240$
$x=2400$

5 (1) $(64+62+68+76+59+72+75+82+62+69)\div10=689\div10=68.9$ (語)

(2) $68.9\times900=62010$ (語)

p.64 章末予想問題

1 (1) **標本調査**　(2) **全数調査**
(3) **全数調査**　(4) **標本調査**

2 (1) **ある都市の中学生全員**
(2) **350 人の中学生**　(3) **㋒**

3 **約 400 枚**

4 **約 100 個**

解説

1 (2) 空港では危険物の持ち込みを防ぐために，すべての乗客に対して，手荷物検査を実施している。

3 赤：白$=\frac{38+49+33}{3}:\frac{22+11+27}{3}=40:20$
$=2:1$ より，$600\times\frac{2}{2+1}=400$ (枚)

4 袋の中の黒い碁石の個数を x 個とすると，
x：60=(40−15)：15
$15x=60\times25$
$x=100$

6 5 4 3 2 1
D C B A

中間・期末の目標と計画を立てよう！

この計画表は，Web から何度でもダウンロードできるよ！
https://portal.bunri.jp/chukankimatsu.html#schedule

① まずは目標を立てよう！

学期　　テスト　　　　年　月　日(　)～　月　日(　)

目標
（例）・全教科70点以上！　・1学期中間の得点をこえる！

	国語	数学	英語	理科	社会	音楽	美術	保健体育	技術・家庭	合計
目標点										
結果										
感想										

② 目標を達成するための学習計画を立てよう！

日付	やること	（例）5／8（水）	数学攻略本 p.12 ～ 20 英語教科書 p.10 ～ 15
／　（　）		／　（　）	
／　（　）		／　（　）	
／　（　）		／　（　）	
／　（　）		／　（　）	
／　（　）		／　（　）	
／　（　）		／　（　）	
／　（　）		／　（　）	

③ テストが終わったら，① の表に結果と感想を書き込もう！

学習の記録には，「まなサポ」がおすすめ
https://portal.bunri.jp/manasp/

学習教材協会
この［マーク］の教材は、
教科書ぴったりです。

100!!

victory